看视频！零基础
学做正宗湘菜

甘智荣◎编著

SPM 南方传媒 | 广东人民出版社
·广州·

图书在版编目（CIP）数据

看视频！零基础学做正宗湘菜 / 甘智荣编著. —广州：广东人民出版社，2018.3（2024.5重印）
ISBN 978-7-218-12214-4

Ⅰ. ①看… Ⅱ. ①甘… Ⅲ. ①湘菜—菜谱 Ⅳ. ①TS972.182.64

中国版本图书馆CIP数据核字（2017）第271182号

Kan Shipin! Lingjichu Xuezuo Zhengzong Xiangcai
看视频！零基础学做正宗湘菜

甘智荣 编著

出 版 人：肖风华

责任编辑：陈泽洪
封面设计：青葫芦
摄影摄像：深圳市金版文化发展股份有限公司
策划编辑：深圳市金版文化发展股份有限公司
责任技编：吴彦斌

出版发行：广东人民出版社
地　　址：广州市越秀区大沙头四马路10号（邮政编码：510199）
电　　话：（020）85716809（总编室）
传　　真：（020）83289585
网　　址：http://www.gdpph.com
印　　刷：中闻集团福州印务有限公司
开　　本：710毫米×1000毫米　1/16
印　　张：15　　　字　　数：220千
版　　次：2018年3月第1版
印　　次：2024年5月第12次印刷
定　　价：39.80元

如发现印装质量问题，影响阅读，请与出版社（020-87712513）联系调换。
售书热线：020-87717307

目录 Contents

01 PART 湘菜味美甲天下

02 PART 赞不绝口的经典湘菜

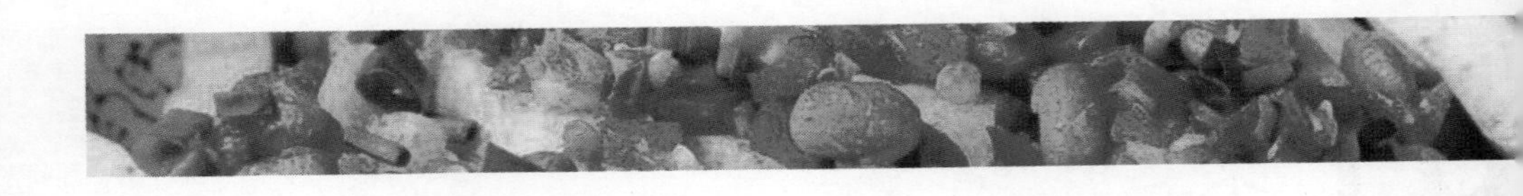

03 PART 不拘一格的素菜

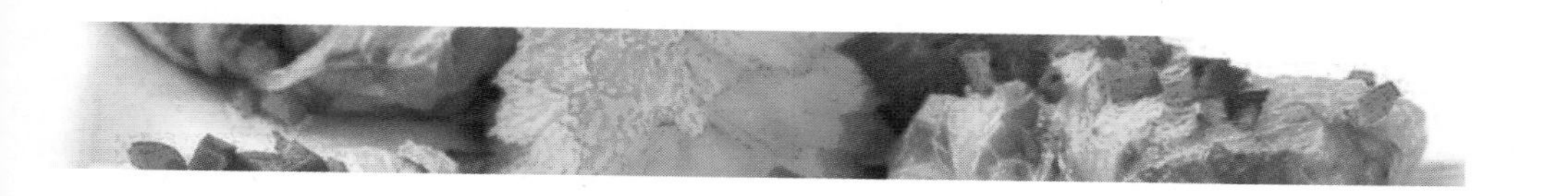

04 PART 唇齿留香的畜肉

目录 Contents

05 PART

开胃滋补的禽蛋

06 PART 鲜香味美的水产

PART 01 湘菜味美甲天下

湘味，即潇湘风味，以湖南菜为代表，简称“湘菜”，是八大菜系之一。《史记》中曾记载，其“地势饶食，无饥馑之患”。长期以来，“湖广熟，天下足”的谚语，更是广为流传。湘菜之美，在于地理气候，在于食材广泛、用料精细、制作精良，在于多变爽口、老少皆宜的味型。了解菜品渊源，品尝味中一绝，就从本部分的湘菜开始吧。

湘菜的历史渊源

◎湘菜是我国最著名的菜系之一，伴三湘四水而历史悠久。湘菜的构成与格调与湖南的历史、地理、经济、文化及民族等诸多因素是紧密相连的。

「春秋战国时期」

春秋战国时期的饮食已经出现了南北风味的区分。北菜以秦、豫、晋、鲁为中心，活跃在黄河流域。它以羊、牛、猪为主料，家禽野味共登餐盘，喜爱鲜咸，味汁醇浓，其典型菜点是“周代八珍”。南菜以荆、楚、吴、越为主体，覆盖长江流域，其特点是水鲜中杂以异肴，鲜咸中辅以酸甜，由《楚辞·招魂》中描述的一份楚宫祭奠菜单中的炖甲鱼、焖乌龟、煎鲫鱼、烹野鸭等可见一斑。湖南古为楚国之地，如果就今日之鄂菜源于楚菜之说，那么湘菜与鄂菜如出一辙，都是以楚菜为母体演化而来的。

「秦汉时期」

秦汉两代，湖南的饮食文化逐步形成了一个从用料、烹调方法到风味、风格都比较完整的体系。1972年湖南长沙市马王堆的轪侯妻辛追墓曾出土许多被切剁的禽兽骨头。经专家鉴定，这些东西是经烹饪加工后埋入地下的菜肴。从墓中出土的部分遗策看，当时菜肴的烹调加工方法很多，有羹、炙、煎、熬、蒸、腊、炮等十余种。此外，遗策上还讲到调味品的运用。当时的调味品相当丰富，有酱、盐、醋、曲、糖、蜜、姜、桂皮、花椒等。两千多年前的这些烹调方法和调味品，大部分至今仍在湘菜的烹调加工中应用。仅从西汉前后这个时期算起，湘菜的发展史也有两千多年了，可以说是源远流长。

「唐宋之后」

湖南因位居洞庭湖之南而得名，又因湘江纵贯全省，故简称湘。洞庭湖曾经为全国最大的淡水湖，范仲淹在《岳阳楼记》中描述洞庭湖时说它“衔远山，吞长江，浩浩汤汤，横无际涯”，江水之胜，尽在此中。后来湖面缩小，湖区渐成全国著名的四大米市之一，有“湖广熟，天下足”之谚，为全国富庶之区。湘菜多运用本地的产品，少自外地输入，并且以新鲜、价廉物美为原则，依四季物产的不同，所烹制的菜肴富有变化。自唐宋以来，尤其在明清之际，湖南饮食文化的发展更趋完善，逐步形成了全国八大菜系中一支具有鲜明特色的菜系——湘菜系。

如何制作正宗湘菜

◎在丰富多彩的地方菜中，湘菜以其悠久的发展历史，独特、浓厚的地方特色饮誉中外。湘菜的选材、配菜、调味都十分讲究，只有巧妙搭配，才能烹饪出正宗风味。

「湘菜的食材」

湖南地处长江中游南部，气候温和，雨量充沛，土质肥沃，物产丰富，素有“鱼米之乡”的美誉。优越的自然条件和富饶的物产，为千姿百态的湘菜在选料方面提供了源源不断的物质条件。凡空中的飞禽，地上的走兽，水中的游鱼，山间的野味，都是入馔的佳选。至于各类瓜果、时令蔬菜和各地的土特产，更是取之不尽、用之不竭的饮食资源。

湘菜注重选料。植物性原料，选用生脆不干缩、表面光亮滑润、色泽鲜艳、菜质细嫩、水分充足的蔬菜，以及色泽鲜艳、壮硕、无疵点、气味清香的瓜果等。动物性原料，除了注意新鲜、宰杀前活泼、肥壮等要素外，还讲求熟悉各种肉类的不同部位，进行分档取料；根据肉质的老嫩程度和不同的烹调要求，做到物尽其用。例如：炒鸡丁、鸡片，用嫩鸡；煮汤，选用老母鸡；卤酱牛肉选牛腱子肉，而炒、熘牛肉片或牛肉丝则选用牛里脊。

「湘菜的配料」

湘菜的品种丰富，与配料的精巧细致和变化无穷有着密切的关系。一道菜肴往往由几种乃至十几种原料配成，一席菜肴所用的原料就更多了。湘菜的配料一般从数量、口味、质地、造型、颜色五个因素考虑。常见的搭配方法包括：

叠：叠是用几种不同颜色的原料，分别加工成片状或蓉状，再互相间隔叠成色彩相间的厚片。

穿：穿是用适当的原料穿在某种原材料的空隙处。

卷：卷是将带有韧性的原料，加工成较大的片，片中加入用其他原料制成的

蓉、条、丝、末等，然后卷起。

扎：扎是把加工成条状或片状的原料，用黄花菜、海带、青笋干等捆扎成一束一束的形状。

排：排是利用原料本身的色彩和形状，排成各种图案。上述几种方法，都能产生良好的配料效果。

「湘菜的调料」

湘菜的调料很多，常用的有白糖、醋、辣椒、胡椒、芝麻油、酱油、料酒、味精、果酱、蒜、葱、姜、桂皮、八角、花椒、五香粉等。众多的调料经过精心调配，形成多种多样的风味。湘菜历来重视利用调料使原料互相搭配，滋味互相渗透，交汇融合，以达到去除异味、增加美味、丰富口味的目的。

湘菜调味时会根据不同季节和不同原料区别对待，灵活运用。夏季炎热，宜食用清淡爽口的菜肴；冬季寒冷，宜食用浓腻肥美的菜肴。烹制新鲜的鱼虾、肉类，调味时不宜太咸、太甜、太辣或太酸。这些食材本身都很鲜美，若调味不当，会将原有的鲜味盖住，喧宾夺主。再如：鱼、虾有腥味，牛、羊肉有膻味，应加糖、料酒、葱、姜、蒜之类的调料去腥膻。对本身没有显著味道的食材如鱼翅、燕窝等，调味时需要酌加鲜汤，补其鲜味不足。这就是常说的“有味者使之出味，无味者使之入味”。

「湘菜的技艺」

湘菜的烹调注重遵循本味论、气味阴阳论、时序论几个方面。五味调和是湘菜烹调的核心。

一是重视展现原料的自然之味。

二是烹饪操作之后所产生的美味和气味，按气味阴阳规律总结经验而达到五味有机调和，制作出具有独特风味的菜肴。

三是注重时序性，把菜肴的烹饪与人的口感和自然界的季节变化联系起来，做出合乎时序、口味宜人的菜肴。

湘菜的特色调料

◎要想做出一道地道正宗的湘菜，一定要选用原汁原味的湖南调料，烹调出的滋味才够地道。而要买到正宗地道的湘菜调料确实有困难，不过随着网络时代的到来，你只要在家里的电脑上轻轻一点，就有正宗湘菜调料送上门了。

浏阳豆豉

浏阳豆豉以其色、香、味、形俱佳的特点成为湘菜调味品中的佳品。

浏阳豆豉是以泥豆或小黑豆为原料，经过发酵精制而成，颗粒完整匀称、色泽绛红或黑褐、皮皱肉干、质地柔软、汁浓味鲜、营养丰富，且久贮不发霉。浏阳豆豉加水泡涨后，是烹饪菜肴的调味佳品，有酱油、味精所不及的鲜味。

玉和醋

玉和醋以优质糯米为主要原料，以紫苏、花椒、茴香、食盐为辅料，以炒焦的节米为着色剂，从原料加工到酿造，再到成品包装，产品制成后，要储存一两年后方可出厂销售，味道鲜美。玉和醋有浓而不浊、芳香醒脑、酸而鲜甜的特点，具有开胃生津、和中养颜、醒脑提神等多种药用价值。

永丰辣酱

湖南永丰辣酱以当地所产的一种肉质肥厚、辣中带甜的灯笼椒为主要原料，掺拌一定分量的小麦、黄豆、糯米，依传统配方制作而成。其色泽鲜艳、芳香可口、风味独特，具有开胃健脾、增进食欲、帮助消化、散寒祛湿等功效。

茶陵紫皮大蒜

茶陵紫皮大蒜因皮紫肉白而得名，是茶陵地方特色品种，与生姜、白芷同誉为“茶陵三宝”。茶陵紫皮大蒜是一个经过多年选育而逐渐形成的地方优良品种，具有个大瓣壮、皮紫肉白、大蒜素含量高等优点。

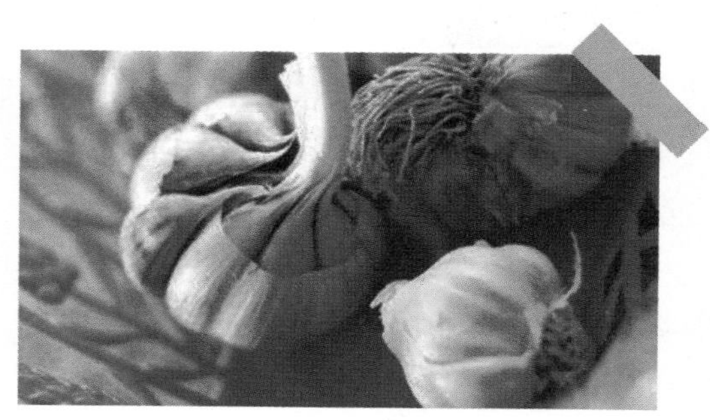

辣妹子

辣妹子即辣妹子辣椒酱，它精选上等红尖椒，细细碾磨成粉，再加上大蒜、八角、桂皮、香叶、茶油等香料，运用独门秘方文火熬成。

辣妹子辣椒酱辣味醇浓、口感细腻、色泽鲜美，富含铁、钙、维生素等多种营养成分，不仅开胃，还有降脂减肥的作用。

湘潭酱油

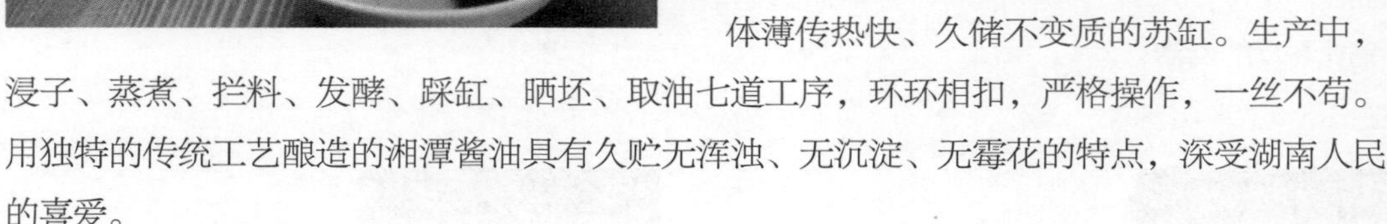

湘潭制酱历史悠久，湘潭酱油以汁浓郁、色乌红、香温馨被称为“色香味三绝”，广受欢迎。

湘潭酱油选料、制作乃至储器都十分讲究，其主料采用脂肪、蛋白质含量较高的澧河黑口豆、荆河黄口豆和湘江上游所产的鹅公豆，辅料盐专用福建结晶子盐，胚缸则用体薄传热快、久储不变质的苏缸。生产中，浸子、蒸煮、拦料、发酵、踩缸、晒坯、取油七道工序，环环相扣，严格操作，一丝不苟。用独特的传统工艺酿造的湘潭酱油具有久贮无浑浊、无沉淀、无霉花的特点，深受湖南人民的喜爱。

腊八豆

腊八豆是将黄豆用清水泡涨后煮至烂熟，捞出沥干，摊凉后放入容器中发酵，发酵好后再用调料拌匀，放入坛子中腌制而成。

浏阳河小曲

浏阳河小曲以优质高粱、大米、糯米、小麦、玉米等为主要原料，利用自然环境中的微生物，在适宜的温度与湿度条件下培养成为酒曲。

酒曲具有使淀粉糖化和发酵酒精的双重作用，数量众多的微生物群在酿酒发酵的同时代谢出各种微量香气成分。浏阳小曲酒具有独特风格。

湘菜的几种制作方法

◎湘菜能够风靡海内外，与它的制作方法有密切关系。下面，我们来介绍几种常见的制作方法。

炖

炖的基本方法是将原料经过炸、煎、煸或水煮等熟处理方法制成半成品，放入陶容器内，加入冷水，用旺火烧开，随即转小火，去浮沫，放入葱、姜、料酒，长时间加热至软烂出锅。炖有不隔水炖和隔水炖。不隔水炖，是将原料放入陶容器后，加调料和水，加盖煮；隔水炖是将原料放入瓷质或陶质的钵内，加调料与汤汁，用纸封口，放入水锅内，盖紧锅盖煮。也可将原料的密封钵放在蒸笼上蒸炖。此类汤菜汤色较清，味鲜香，可保留原汁原味。湘菜中有玉米炖排骨、墨鱼炖肉、肚条炖海带、清炖土鸡、淮山炖肚条等。

蒸

蒸是以蒸汽为加热介质的烹调方法，通过蒸汽把食物蒸熟。将半成品或生料装于盛器，加好调料，加汤汁或清水上蒸笼蒸熟即成。所使用的火候随原料的性质和烹调要求而有所不同。一般来说，只需蒸熟不需蒸烂的菜应使用旺火，在水煮沸滚后上笼速蒸，断生即可出笼，以保持鲜嫩。对一些经过较细致加工的花色菜，则需要用中火徐徐蒸制。如用旺火，蒸笼盖应留些空隙，以保持菜肴形状整齐，色泽美观。蒸制菜肴有清蒸、粉蒸之别。蒸菜的特点是使原料的营养成分流失较少，菜的味道鲜美。至今，蒸仍是普遍使用的烹饪方法。湖南浏阳有蒸菜系列。“剁椒蒸鱼头”更成为湘菜的代表菜，火遍全国。

炸

炸属于油熟法，是以油作为传热媒介制作菜肴的烹调方法。炸、熘、爆、炒、煎、贴等都是常用的油熟法。炸是以食用油在旺火上加热，使原料成熟的烹调方法。可用于整只原料（如整鸡、整鸭、整鱼等），也可用于轻加工成型的小型原料（如丁、片、条、块等）。炸可分为清炸、干炸、软炸、酥炸、卷包炸和特殊炸等，成品酥、脆、松、香。

焖

焖是将经过油煎、煸炒或焯水的原料，加汤水及调味品后加盖，用旺火烧开，再用中小火烧煮较长时间，至原料酥烂而成菜。焖菜要将锅盖严，以保持锅内恒温，促使原料酥烂，即所谓“千滚不抵一焖”。添汤要一次成，不要中途添加汤水。焖菜时最好随时晃锅，以免原料粘底。还要注意保持原料的形态完整，不碎不裂，汁浓味厚，酥烂鲜醇。湘菜的焖制，主要取料于本地的水产与禽类，具有浓厚的乡土风味。焖因原料生熟不同，有生焖、熟焖；因传热介质不同，有油焖、水焖；因调料不同，有酱焖、酒焖、糟焖；因成菜色泽不同，有红焖、黄焖等。

涮

用火锅把水烧沸，把主料切成薄片，放入火锅涮片刻，变色刚熟即夹出，蘸上调好的调味汁食用，边涮边吃，这种特殊的烹调方法叫涮。涮的特点是能使主料鲜嫩，汤味鲜美，一般由食用者根据自己的口味，掌握涮的时间和调味。主料的好坏、片形的厚薄、火锅的大小、火力的大小、调味的调料，都对涮菜起重要作用。

煨

煨是将加工处理的原料先用开水焯烫，放砂锅中加足汤水和调料，用旺火烧开，撇去浮沫后加盖，改用小火长时间加热，至汤汁黏稠，原料完全松软成菜的技法。

卤

卤是冷菜的烹调方法。也有热卤，即将经过初加工处理的家禽家畜肉放入卤水中加热浸煮，待其冷却即可。

卤水制作：锅洗净上火烧热，滑油后放入白糖，中火翻炒，糖粒渐溶，成为糖液，待糖液由浅红变深红色，出现黄红色泡沫时，放入适7量清水，烧沸即成糖水色，作为调色备用。将备好的香料（最好打碎一点）用纱布袋装好，用绳扎紧备用。将锅置中火上，放入适量花生油，下入姜、葱，爆炒出香味，放清水、药袋、酱油、盐、料酒、酱油，一同烧至微沸，转小火煮约30分钟，弃掉姜、葱，加入味精，撇去浮沫即成。

烩

烩指将原料油炸或者煮熟后改刀，放入锅内加辅料、调料、高汤烩制的方法。具体做法是将原料投入锅中略炒，或在滚油中过油，或在沸水中略烫之后，放在锅内加水或浓肉汤，再加佐料，用小火煮片刻，然后加入芡汁拌匀至熟。这种方法多用于烹制鱼虾、肉丝和肉片。

汆

汆用来烹制旺火速成的汤菜。选娇嫩的原料，切成小型片、丝或剁蓉做成丸子，在含有鲜味的沸汤中汆熟。也可将原料在沸水中烫熟，装入汤碗内，随即浇上滚开的鲜汤。

焯

焯是将初步加工的原料放在开水锅中加热至半熟或全熟，取出以备进一步烹调或调味。它是烹调中特别是冷拌菜不可缺少的一道工序，对菜肴的色、香、味，特别是色起着关键作用。

湘菜的特色

湘菜品种繁多，门类齐全，既有乡土风味的民间菜式、经济方便的大众菜式，也有讲究实惠的筵席菜式。下面将为大家介绍湘菜的特色。

「荤素搭配、药食搭配」

湘菜讲求荤素搭配、药食搭配。湘菜食谱除一般的菜蔬外，还配有豆豉炒辣椒、剁辣椒之类的开胃菜。一道菜中也尽可能荤素搭配。药食搭配即用某些中药材与食材互相搭配，共同烹饪。畜、禽肉类和水产品均含有丰富的营养成分，和中草药合理搭配，就能起到滋补和预防疾病的作用。

「豆类菜肴丰富」

湘菜中的豆类及豆制品菜肴丰富多样。湘菜中的豆类菜通常都很鲜嫩，所含蛋白质、矿物质、维生素及膳食纤维均较丰富，营养价值高。用某些豆类制成品入菜，亦为湘菜的特色之一。

「鱼类菜肴丰富」

湖南是“鱼米之乡”，因此湘菜中鱼类菜肴所占比例很大。与畜肉和禽肉相比，鱼类含有丰富的蛋白质，而脂肪的含量却很低，并且脂肪主要是由不饱和脂肪酸组成的，还含有丰富的钙、磷、铁、锌、硒等多种矿物质，以及多种脂溶性和水溶性维生素，因此具有极高的营养价值。

「注重酸碱平衡」

湘菜很注意食物的酸碱平衡。例如，肉类属酸性食物，烹调时就会加入一些碱性食品，如青椒、红椒、豆制品、菌类等；醋是弱碱性食品，能促进人的消化吸收，加入红烧鱼、红烧排骨之类的菜肴中，可使原料中的钙游离出来而易于人体吸收，也使菜肴的口感更佳；鱼是酸性食物，豆腐是碱性食物，湘菜中将鱼与豆腐共同烹饪，不但有酸碱调和的作用，而且更利于人体对钙和蛋白质的吸收。

「发酵食品丰富」

湖南人大多嗜食发酵食品，如臭豆腐、腐乳、豆豉、腊八豆、酸菜、泡菜等。一般情况下，食物经过发酵后更有利于人体吸收营养成分，经发酵的豆类或豆制品，B族维生素明显增加。酸菜和泡菜含大量乳酸和乳酸菌，能抑制病菌的生长繁殖，增强消化能力、防止便秘，使消化道保持良好的功能状态，还有防癌作用。当然，酸菜、泡菜中也含有亚硝酸盐等不利于人体的物质，不可多食。

「保护食物营养」

凡能生吃的尽量生吃，能低温处理的决不高温处理。此外，用淀粉类上浆、挂糊、勾芡，不但能改善菜肴的口感，还可保持食材中的水分、水溶性营养成分的浓度，使原料内部受热均匀而不直接和高温油接触，蛋白质不会过度变性，维生素也可少受高温破坏，更减少了营养物质与空气接触而被氧化的程度。

「烹饪技法以蒸为主」

蒸是湘菜的常用技法，在各大菜系中，湘菜中蒸法使用的比例最高，这是由于传统湘菜中熏腊、干制原料很多，这些原料既要加工熟，又要保持其水分，上锅蒸是最好的方法。蒸菜是各种烹饪方法中最能保持原料营养成分和口味的方法之一。其中最著名的便是剁椒蒸鱼头。以蒸煮和浇汁结合的方式制成的多种口味鱼头菜，鲜、嫩、滑，还有强身健脑的功效，备受人们青睐。

湘菜烹饪小诀窍

◎湘菜好吃，人人皆知，但要做出好吃的湘菜，还得有一定的技艺和诀窍才行。下面就介绍关于做湘菜的五个诀窍。

「一诀：辣菜多，酱香足」

提及辣，不得不说川菜，麻辣干香足以概括其特色。而湘菜的辣与此不同，麻味降低，酱香浓，它是一种带有厚重咸香味的辣。这种味道已被各个菜系所接受，稍加改之，即可适应当地口味。

「二诀：盛器多，巧保温」

大多数湘菜可按盛器划分成多个系列，例如干锅系列、铁板系列、砂煲系列、砂锅系列等。单看盛器就知道湘厨很注重菜品温度的保持，大部分菜品的器皿都是用支火加热的形式上桌，既活跃了现场气氛，又保证了菜品的温度。

「三诀：本土调料占百分之八十」

进入湘菜厨房，和其他菜系所不同的是，灶台上的调料五花八门，其中以本土调料为主，浏阳的豆豉、茶陵的蒜、湘潭的酱油、浏阳河的小曲、醴陵的老姜、辣妹子辣椒酱等，调料的使用，足以彰显湘菜的个性。同时还会发现粤菜调料的影子，如豉油皇、XO酱、蚝油、排骨酱等，已经完全渗透到湘菜中来，并且深深地影响着湘菜的口味。

「四诀：原材料，土掉渣」

湘菜受追捧的原因之一就是原材料“够土”，正是这股土香土色才让它变得有看点。湖南的原材料基本靠当地的土特产来“撑席面”。像腊肉就是湖南特产，凡禽、畜、水产等肉类都可以用来腌制。腌菜色泽红亮，烟香味浓，肥而不腻。

「五诀：熟猪油，香辣油」

湘菜为何有如此醇厚的风味，其实秘诀就在两大油上。第一，熟猪油。这是湘菜独特风味的重要源头。第二，自制香辣油。几乎每道湘菜里都会用到自制香辣油，其制作方法如下：将20升大豆油和10千克猪油一起下入锅中，加热至三成热，然后下入西芹块、胡萝卜块、干葱头块、大葱段、姜块、香菜段各1千克和50克鲜紫苏叶，用小火慢熬40分钟。将以上原料捞出后，下入10千克自磨辣椒，再慢火熬40分钟，过滤即成。

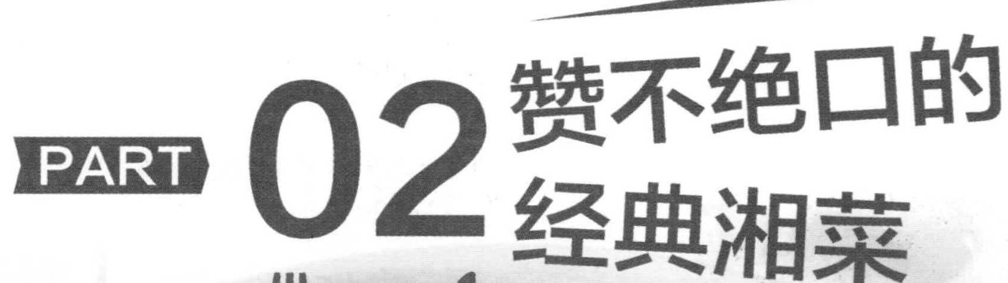

PART 02 赞不绝口的经典湘菜

经典湘菜是开启湘菜世界之门的钥匙，要想真正品尝到正宗、美味的地方菜，感受到浓郁的地方菜特色和文化，势必要以湘菜中的那些“代表”为切入点。这些经典湘菜经过口味的角逐、历史的筛选，始终屹立在美食之林，让人赞不绝口。本部分为你盘点了近年来最为流行的湘菜，保证让你心服口服、回味无穷。

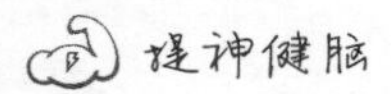

毛家红烧肉

原料： 五花肉750克，西蓝花150克，干辣椒5克，姜片、大蒜、草果、八角、桂皮各适量

调料： 盐5克，味精3克，老抽2毫升，红糖15克，白酒10毫升，白糖10克，豆瓣酱25克，料酒、食用油各适量

烹饪小提示

白糖和红糖都不要加太多，以免过甜，掩盖肉本身的鲜味。

做法

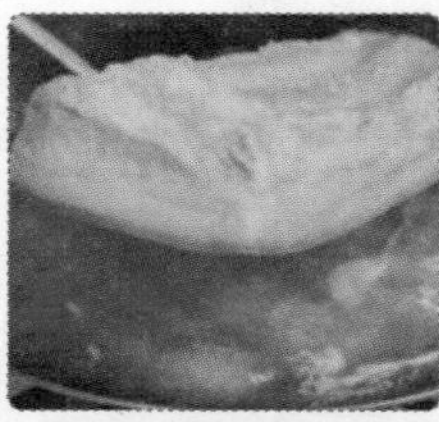

1 锅中注水，放入洗净的五花肉，大火煮约15分钟至熟，捞出，沥干水分。

2 洗净的大蒜切成片；洗净的西蓝花切成朵；五花肉切成约3厘米的方块，修平整，待用。

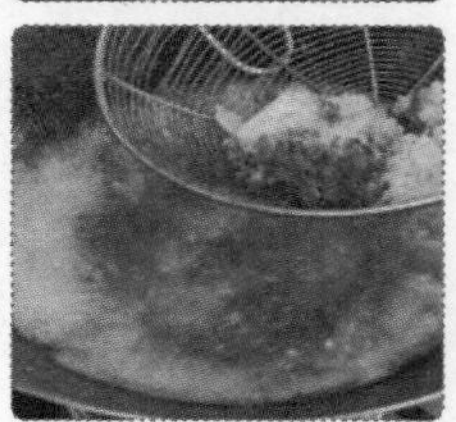

3 锅中另注水烧开，加入少许食用油和2克盐，倒入切好的西蓝花，焯约1分钟至熟，捞出。

4 炒锅注油，加入白糖炒至溶化，倒入八角、桂皮、草果、姜片爆香，倒入蒜片，炒匀。

5 放入五花肉块，炒片刻，加入料酒、豆瓣酱、干辣椒炒匀，注水，加3克盐、味精、老抽、红糖、白酒。

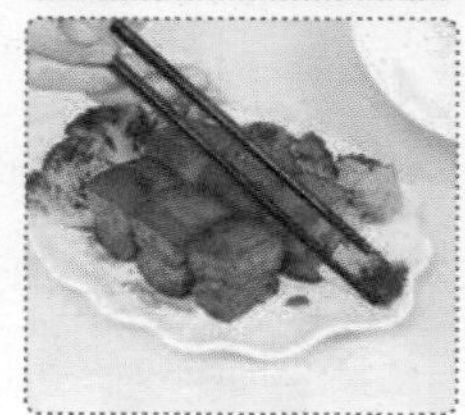

6 小火焖40分钟至熟，炒片刻，盛出放在摆有部分西蓝花的盘中，再放上西蓝花，浇上汤汁即成。

农家小炒肉

6分钟　保肝护肾

扫一扫看视频

原料： 五花肉150克，青椒60克，红椒15克，蒜苗10克，豆豉、姜片、蒜末、葱段各少许

调料： 盐3克，味精2克，豆瓣酱、老抽、水淀粉、料酒、食用油各适量

做法

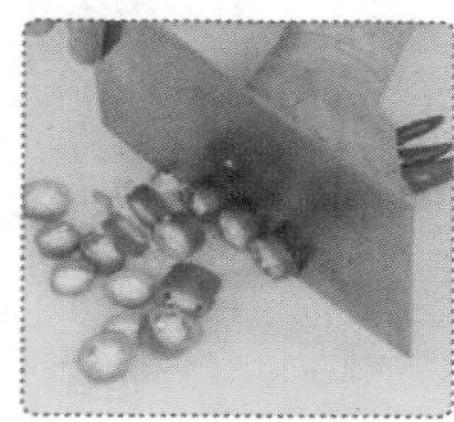

1 洗净的青椒、红椒均切成圈；洗净的蒜苗切2厘米长的段；洗净的五花肉切条，再切成片。

2 用油起锅，倒入五花肉炒约1分钟至出油，调入老抽、料酒，倒入豆豉、姜片、蒜末、葱段。

3 炒约1分钟，加入豆瓣酱炒匀，倒入青椒、红椒、蒜苗，翻炒均匀。

4 加入盐、味精，炒匀，加少许水，煮约1分钟，加入水淀粉炒匀，盛出装入盘中即成。

扫一扫看视频

椒香竹篓鸡

15分钟　益气补血

原料：鸡肉300克，青椒、红椒各15克，干辣椒10克，蒜末、白芝麻各5克

调料：盐3克，味精2克，料酒、辣椒油、辣椒粉、面粉、食用油各适量

做法

1 将洗净的青椒、红椒对半切开，去除籽，改切成片；洗好的鸡肉斩块。

2 鸡块装盘，加少许料酒、盐、味精、辣椒油，加入面粉拌匀，腌渍10分钟入味。

3 锅中注油，烧至五成热，放入鸡块，中火炸2分钟至金黄色，捞出备用。

4 锅留底油，煸香蒜末、干辣椒，放入青椒片、红椒片、鸡块炒匀，淋入辣椒油。

5 倒入辣椒粉，炒约1分钟，加盐、味精、料酒、白芝麻炒匀，盛入竹篓内即成。

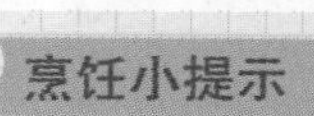

炸鸡肉时，油温以五六成热最为适宜。待炸至金黄色时，用高温油再炸片刻即可。

剁椒蒸鱼头

22分钟　益智健脑

原料： 鱼头1个，蒜末、姜末、葱花各3克

调料： 盐、白糖各3克，老干妈辣酱10克，剁椒50克，鸡粉2克

做法

1 将切好的鱼头两边分别抹上盐，腌渍10分钟待用。

2 取一碗，倒入剁椒、老干妈辣酱、蒜末、姜末，加入白糖、鸡粉，搅拌均匀，制成调料。

3 将拌好的调料均匀地放在腌好的鱼头上面，备用。

4 电蒸锅注水烧开，放入鱼头，盖上盖，将时间调至“10”，待时间到揭盖，取出撒上葱花即可。

粉蒸肉

37分钟　降压降糖

原料：南瓜400克，五花肉350克，蒜末、葱花各少许

调料：盐4克，生抽3毫升，鸡精3克，蒸肉米粉35克，食用油少许

做法

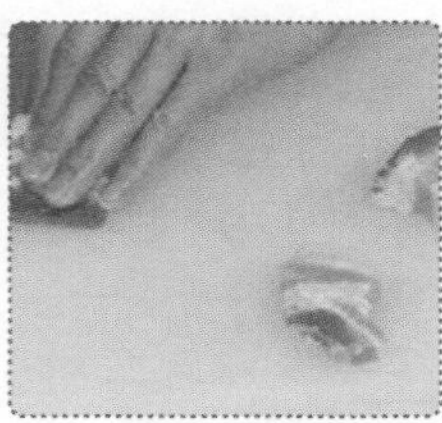

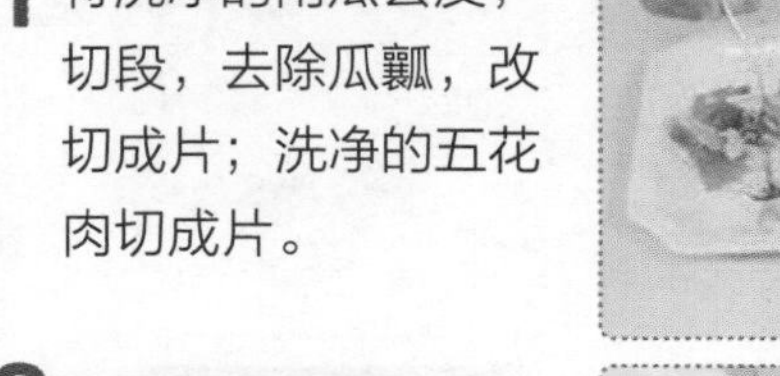

1 将洗净的南瓜去皮，切段，去除瓜瓤，改切成片；洗净的五花肉切成片。

2 肉片装盘，加入蒜末，再加入生抽、盐、鸡精拌匀，加入蒸肉米粉拌匀，腌渍15分钟至入味。

3 将切好的南瓜摆入盘中，摆上腌渍好的肉片，再将南瓜、五花肉放入蒸锅，加盖。

4 中火蒸20分钟至熟透，揭盖，将粉蒸肉取出，撒上葱花，浇上少许热油即可。

80分钟

开胃消食

腊味合蒸

原料： 腊鸡肉300克，腊肉、腊鱼肉各250克，姜片10克，葱白3克，葱花少许

调料： 鸡汤、味精、白糖、料酒各适量

烹饪小提示

腊肉比较咸，烹制时不用加盐，只需加其他调料即可。

做法

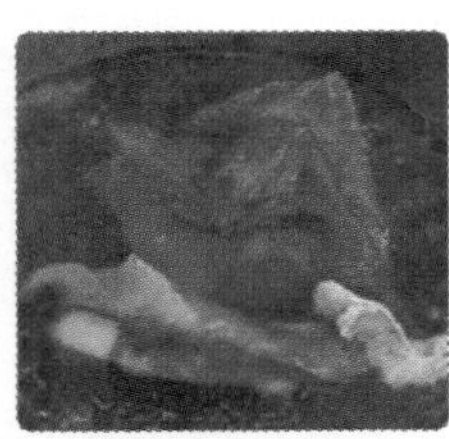

1 锅中加入适量清水烧开，放入腊肉、腊鱼肉、腊鸡肉。

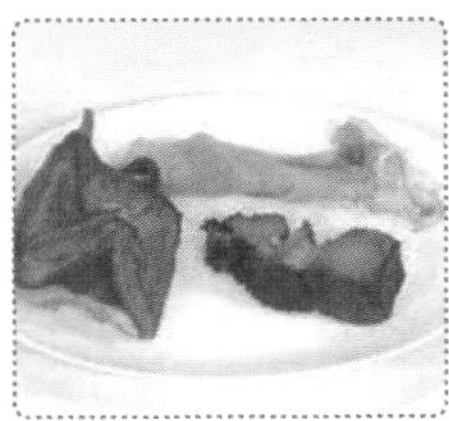

2 加盖焖煮15分钟，去除杂质和油异味，取出，待冷却。

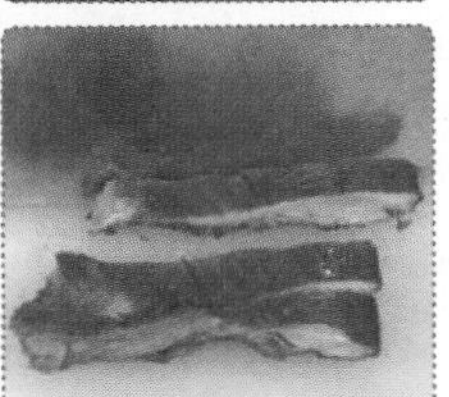

3 将腊肉切片；腊鱼肉切片；腊鸡肉切块，装入碗内。

4 碗内加入味精、白糖、料酒、鸡汤，撒上姜片和葱白。

5 将碗转到蒸锅里，加盖，用中火蒸1小时至熟软。

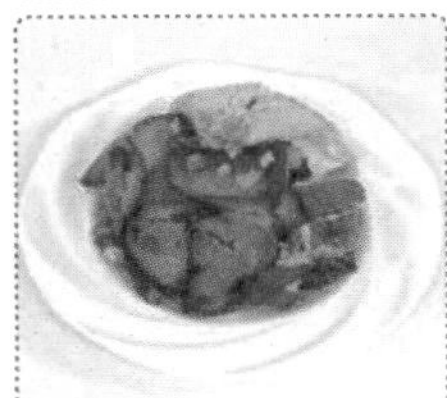

6 取出碗，倒扣入盘内，撒上葱花即成。

扫一扫看视频

土匪猪肝

6分钟　益气补血

原料： 猪肝300克，五花肉120克，青蒜苗40克，红椒25克，泡椒、生姜各20克

调料： 盐、味精、蚝油、辣椒油、水淀粉、生粉、葱姜酒汁、食用油各适量

做法

1 猪肝、生姜、红椒分别收拾干净，切片；泡椒切段；青蒜苗洗净切段；五花肉洗净切片。

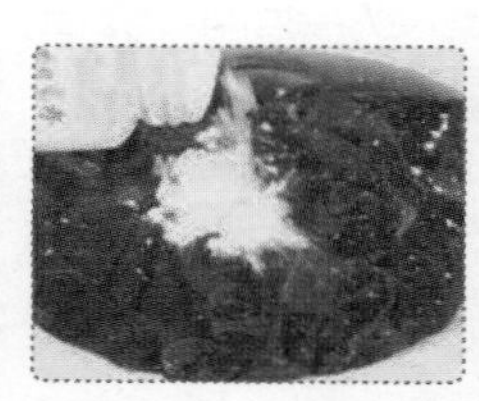

2 取葱姜酒汁，倒入猪肝片中，加生粉拌匀，再放入少许盐、味精拌匀，腌渍片刻。

3 热锅注油，倒入猪肝片炒至断生，盛出。

4 倒入五花肉，炒至出油，放入姜片、泡椒、红椒片，炒匀，倒入猪肝炒熟。

5 加盐、味精、蚝油、蒜苗梗、水淀粉、辣椒油、蒜苗叶，炒匀入味，装盘即成。

烹饪小提示

猪肝烹制前，先洗净再剥去薄皮，装碗加适量牛乳浸泡几分钟，可去除异味。

麻辣小龙虾

12分钟　增强免疫力

原料： 小龙虾600克，干辣椒15克，葱段20克，姜片、蒜片、花椒粒各适量

调料： 料酒4毫升，生抽5毫升，盐、鸡粉各2克，白糖3克，胡椒粉、辣椒油、食用油各适量

做法

1 热锅注油烧热，倒入花椒粒、干辣椒，爆香，加入葱段、姜片、蒜片，爆香。

2 倒入处理好的小龙虾，炒至转色，淋上料酒，翻炒提鲜，加入生抽，炒匀，倒入少许清水，炒匀。

3 盖上盖，用小火煮8分钟至收汁，加入盐、鸡粉、胡椒粉、白糖，翻炒调味。

4 淋入少许辣椒油，炒匀，关火后将炒好的小龙虾盛出装入盘中即可。

农家攸县香干

4分钟　保肝护肾

原料： 五花肉150克，香干100克，蒜苗10克，青椒片、红椒片、芹菜梗各少许

调料： 盐3克，料酒、老抽各3毫升，糖色、蚝油、味精、辣椒酱、食用油各适量

做法

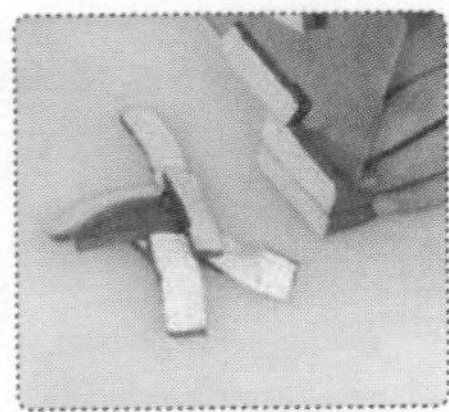

1 将洗净的香干切成片；洗净的五花肉切成薄片；洗净的蒜苗切成段，装盘。

2 热锅注油，放入五花肉炒约1分钟至熟，放入料酒、糖色、老抽，炒匀上色。

3 加入辣椒酱，放入香干，炒匀，放入洗净的蒜苗梗。

4 调入盐、味精、蚝油，加入青椒片、红椒片、芹菜梗、蒜苗叶，炒匀，盛出装盘即可。

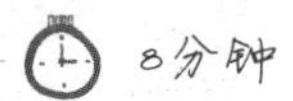

8分钟

增强免疫力

湖南臭豆腐

原料： 臭豆腐300克，泡椒、大蒜、彩椒、葱条、香菜各适量

调料： 生抽、鸡汁各5毫升，盐、鸡粉各少许，陈醋10毫升，芝麻油2毫升，食用油适量

烹饪小提示

炸臭豆腐的时间要掌握好，时间不够，皮不够脆；炸老了口感不佳。

做法

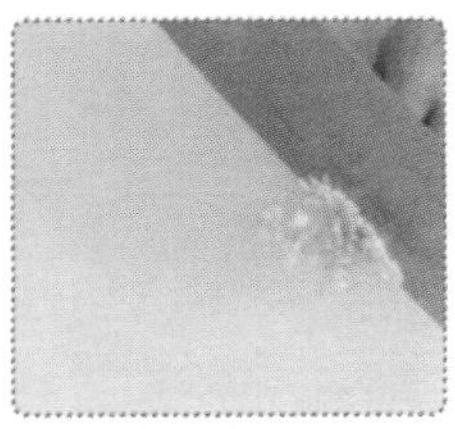

1 洗净的香菜切末；洗好的大蒜切末；洗净的葱条切丝，再切粒；洗好的彩椒切粒；泡椒剁成末。

2 锅中注油，烧至六成热，放入臭豆腐，炸至臭豆腐膨胀酥脆。

3 捞出炸好的臭豆腐，装入备好的盘中，摆放好，备用。

4 用油起锅，放入泡椒、大蒜、彩椒、葱炒香，加入清水，放入生抽、盐、鸡粉，淋入鸡汁拌匀。

5 再加入陈醋，调匀，倒入芝麻油，搅拌匀，放入香菜末，混合均匀。

6 把调好的味汁盛出，装入小碗中，用以佐食臭豆腐。

扫一扫看视频

泥蒿炒腊肉

5分钟　开胃消食

原料： 泥蒿250克，熟腊肉200克，红椒丝、蒜末各15克

调料： 盐、味精、料酒、水淀粉、蒜油各少许，食用油适量

做法

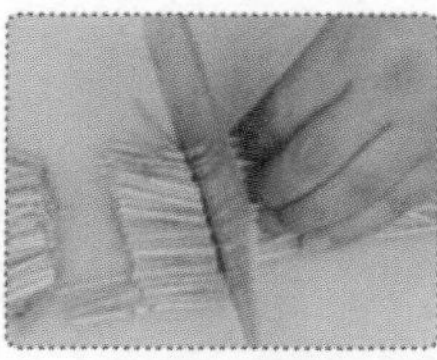

1 泥蒿洗净切段；腊肉洗净切薄片。

2 锅中注入适量食用油，烧热，倒入切好的腊肉，翻炒均匀。

3 加入蒜末，翻炒香，倒入泥蒿，翻炒至泥蒿熟软。

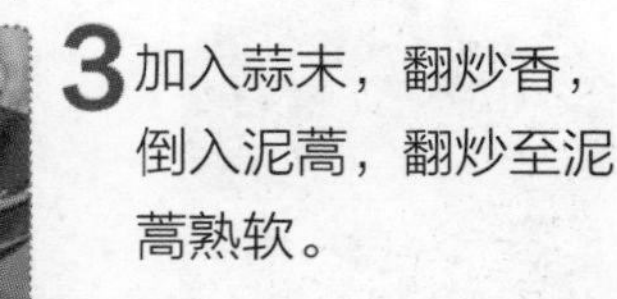

4 加入少许盐、味精、料酒，炒匀调味，放入红椒丝，炒匀。

5 加入少许水淀粉勾芡，淋入少许蒜油，快速拌炒均匀，出锅盛入盘中即成。

烹饪小提示

腊肉含有较多的亚硝酸盐，在烹制前先用水煮一下，可去除部分亚硝酸盐。

东安子鸡

 20分钟 增强免疫力

扫一扫看视频

原料： 鸡肉400克，红椒35克，花椒8克，姜丝30克

调料： 料酒10毫升，鸡粉、盐各4克，辣椒粉15克，鸡汤30毫升，米醋25毫升，辣椒油、花椒油各3毫升，食用油适量

做法

1 锅中注水烧开，放入洗净的鸡肉，加料酒、2克鸡粉、2克盐，烧开后用小火煮15分钟，捞出。

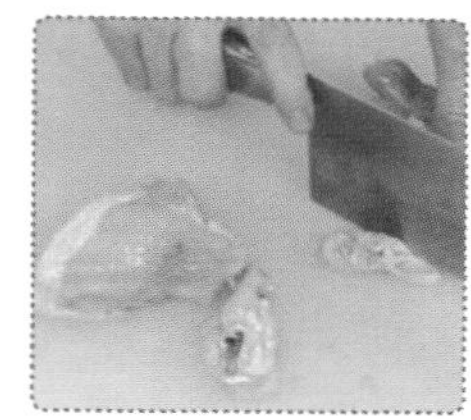

2 将洗净的红椒切开，去籽，再切成丝；放凉的鸡肉斩成小块，备用。

3 用油起锅，爆香姜丝、花椒，放入辣椒粉，炒匀，倒入鸡肉块，略炒片刻。

4 加入鸡汤、米醋、盐、鸡粉、辣椒油、花椒油，炒匀，放入红椒丝，炒至断生，盛出即可。

子姜鸭

23分钟 保肝护肾

原料： 鸭腿1只，子姜150克，蒜末、葱段各少许

调料： 南乳、生抽、老抽、料酒、鸡粉、盐、白糖、水淀粉、食用油各适量

做法

1 洗净的子姜切成薄片；洗净的鸭腿斩成小件；鸭块入沸水锅中煮约1分钟，捞出，沥干水分。

2 起油锅，爆香鸭腿肉，放入姜片、蒜末、葱白，炒匀，淋入适量生抽、老抽、料酒。

3 放入南乳，炒匀，转小火，加入鸡粉、盐、白糖，注水，加盖，大火煮沸。

4 转小火焖煮约20分钟至入味，揭盖，撒上葱叶，倒入适量水淀粉炒匀，盛出装盘即可。

扫一扫看视频

18分钟

降低血压

永州血鸭

原料：鸭肉400克，青椒、红椒各50克，干辣椒15克，鸭血200毫升，姜末、蒜末、葱段各适量

调料：盐、鸡粉各3克，豆瓣酱20克，生抽5毫升，料酒10毫升，食用油适量

烹饪小提示

鸭血倒入锅中后，应该不断翻炒，以免煳锅。

做法

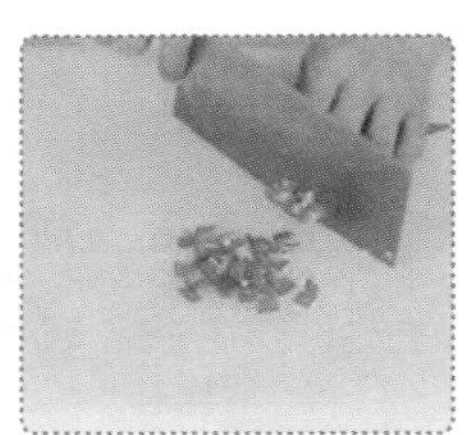

1 洗净的红椒、青椒均切开，再切条，改切成丁；洗好的鸭肉斩成小块。

2 鸭肉装入碗中，放入1克盐、1克鸡粉，淋入生抽、5毫升料酒拌匀，腌渍15分钟至其入味。

3 用油起锅，倒入腌渍好的鸭肉，翻炒至鸭肉出油。

4 加入姜末、蒜末、葱段，翻炒出香味。

5 放入干辣椒，炒匀，加入豆瓣酱，翻炒均匀，放入2克盐、2克鸡粉，淋入5毫升料酒，炒匀。

6 倒入鸭血，翻炒均匀，加入切好的青椒、红椒，炒匀，将炒好的菜肴盛出，装盘即可。

扫一扫看视频

湘味火焙鱼

3分钟 开胃消食

原料： 火焙鱼200克，青椒、红椒各20克，干辣椒3克，姜片、蒜末各少许

调料： 辣椒酱10克，辣椒油、生抽各10毫升，盐、白糖各2克，料酒、食用油各适量

做法

1 将洗净的青椒、红椒切成圈，放入盘中，备用。

2 热锅注油，烧至五成热，倒入火焙鱼，炸约半分钟，捞出。

3 锅底留油，倒入姜片、蒜末，再倒入青椒、红椒、干辣椒，炒香。

4 放入炸好的火焙鱼，淋入料酒，翻炒均匀，加入少许水，稍煮片刻。

5 放入辣椒酱、辣椒油、生抽、盐、白糖炒匀，大火炒干水分，盛出装盘即可。

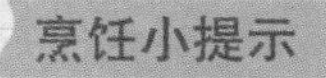

烹饪小提示

辣椒不宜炒制过久，以免营养流失过多。

洞庭金龟

125分钟　益气补血

原料： 乌龟块700克，五花肉块200克，姜片60克，水发香菇50克，葱条40克，香菜25克，干辣椒、桂皮、八角各少许

调料： 盐3克，鸡粉、胡椒粉各少许，生抽6毫升，料酒12毫升，食用油适量

做法

1 香菇洗净切小块；香菜洗净切末；沸水锅中加洗净的乌龟块、6毫升料酒，汆水捞出。

2 起油锅，放入五花肉块炒至变色，煸香姜片、香菇、葱条、干辣椒、桂皮、八角。

3 放入乌龟块，炒匀，调入6毫升料酒、生抽，注水，焖至沸，去浮沫，加入盐、鸡粉。

4 装入砂煲，煮沸后用小火炖约2小时至熟，拣去葱条，撒上胡椒粉，佐以香菜末即可。

45分钟

益气补血

瓦罐莲藕汤

原料： 排骨段350克，莲藕200克，姜片20克

调料： 料酒8毫升，盐、鸡粉各2克，胡椒粉适量

烹饪小提示

水要一次性加足，中途不能加凉水，否则排骨的蛋白质就不能充分溶解，并且汤会变浑浊。

做法

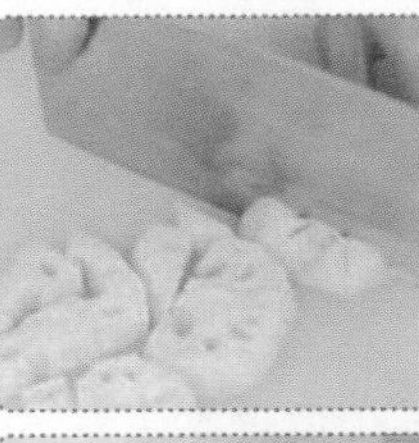

1 洗净去皮的莲藕切厚块，再切条，改切成丁，待用。

2 砂锅中注入适量清水，大火烧开，倒入洗净的排骨段，加入料酒，煮沸，汆去血水，捞出。

3 瓦罐中注水烧开，放入汆过水的排骨段，盖上盖，煮至沸腾。

4 揭开盖，倒入姜片，盖上盖，烧开后用小火煮20分钟，至排骨五成熟。

5 揭盖，倒入莲藕，拌匀，盖上盖，用小火续煮20分钟，至排骨熟透。

6 揭盖，放入鸡粉、盐、胡椒粉调味，撇去汤中浮沫，焖一会儿即可。

冰糖湘莲

36分钟　养心润肺

原料： 莲子150克，枸杞4克

调料： 冰糖20克

做法

1 锅中加入800毫升的水，再倒入清洗干净的莲子。

2 盖盖，用大火烧开，再改成小火，煮约30分钟至莲子涨发。

3 揭盖，倒入冰糖，不停地搅拌，以免粘锅，煮约2分钟至冰糖完全溶化。

4 倒入洗好的枸杞，煮约2分钟至熟透，将做好的甜汤盛入碗中即可。

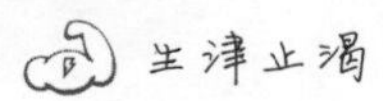

扫一扫看视频

15分钟

生津止渴

全家福

原料：猪肉丸、牛肉丸、鱼肉丸各350克，大白菜300克，猪肚220克，基围虾200克，熟鹌鹑蛋180克，肉末120克，鸡蛋100克，平菇90克，菜心、冬笋、水发木耳各适量

调料：盐5克，鸡粉3克，胡椒粉少许，料酒5毫升，生抽15毫升，水淀粉、食用油各适量

烹饪小提示

砂锅中最好先抹上少许食用油，再放入处理好的食材，这样炖时才不易粘锅。

做法

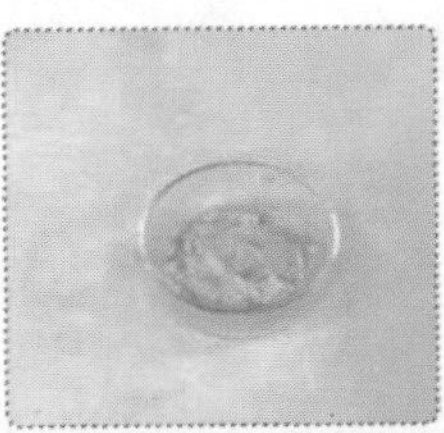

1 肉末装碗，加1克盐、1克鸡粉，加水淀粉拌至起劲；鸡蛋打入碗中，制成蛋液；鹌鹑蛋加生抽拌匀。

2 将大部分蛋液入油锅煎熟取出，铺好，放入肉末，倒入剩余蛋液抹匀，卷成蛋卷，蒸熟。

3 沸水锅中加3毫升生抽、1克鸡粉、盐、料酒、猪肚，煮熟；鹌鹑蛋滑油；剩余未处理食材、蛋卷、猪肚改刀。

4 沸水锅中加1克盐、少许油，先后将大白菜、平菇、木耳、菜心、冬笋鱼肉丸、猪肉丸、牛肉丸汆水捞出。

5 最后将基围虾焯水捞出；取砂锅，放入大白菜摆好，放上余下食材，摆放整齐。

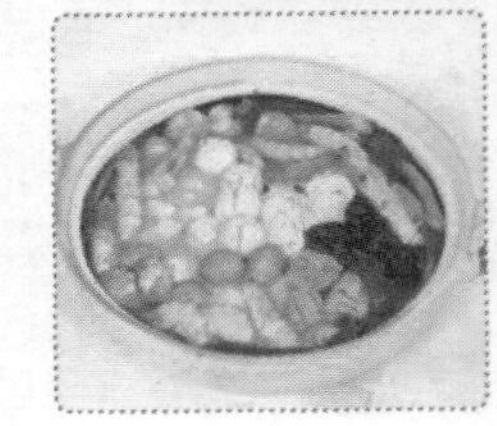

6 起油锅，加上汤煮沸，加入鸡粉、盐、生抽、胡椒粉，拌匀调味，制成汤料，盛入砂锅即可。

PART 03 不拘一格的素菜

放眼当今中国的餐饮业，从南到北，由西向东，湘菜可谓一枝独秀。无论是在家，还是在外，一满桌香喷喷的湘菜菜肴都是人们欢聚一堂的美食盛宴。在一桌美食中，也许各种肉菜佳肴占据绝大多数席位，但为数不多的几盘素菜绝对是锦上添花。这些素菜不拘一格，清新爽口，让人随时随地都能感受到自然、健康之魅力。

扫一扫看视频

剁椒腐竹蒸娃娃菜

13分钟　增强免疫力

原料： 娃娃菜300克，水发腐竹80克，剁椒40克，蒜末、葱花各少许

调料： 白糖3克，生抽5毫升，食用油适量

做法

1 洗好的娃娃菜对半切开，切成条状；泡发洗好的腐竹切成段。

2 锅中注入适量的水，烧开，倒入切好的娃娃菜，汆片刻至断生，捞出。

3 将汆好水的娃娃菜码入盘内，放上腐竹。

4 热锅注油烧热，爆香蒜末、剁椒，加入白糖，炒匀，浇在娃娃菜上。

5 蒸锅上火烧开，放入娃娃菜，大火蒸10分钟，取出撒上葱花，淋入生抽即可。

烹饪小提示

娃娃菜切得比较厚，汆的时间要把握好，以免菜未熟透，影响消化。

油泼生菜

3分钟　开胃消食

原料： 生菜叶260克，剁椒30克，蒜末少许

调料： 盐、食用油各适量

做法

1 锅中注入适量水，大火烧开，加入盐，放入少许食用油，搅匀略煮。

2 放入洗净的生菜叶，搅匀，焯至断生，捞出焯好的生菜叶，沥干水分。

3 另起锅，注入少许食用油，烧至三四成热，关火待用。

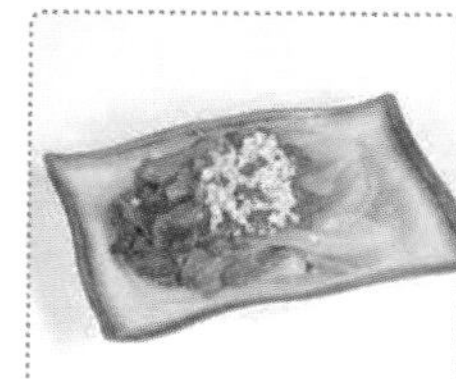

4 取一盘子，放入焯软的生菜叶，撒上剁椒、蒜末，再浇上锅中的热油即成。

萝卜干炒杭椒

5分钟　开胃消食

原料： 萝卜干200克，青椒80克，蒜末、葱段各少许

调料： 鸡粉2克，豆瓣酱15克，盐、食用油各适量

做法

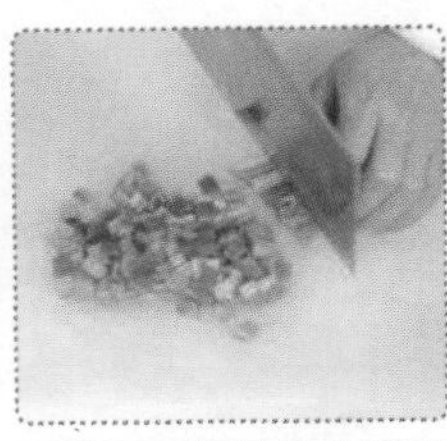

1 处理好的萝卜干切成粒；洗好的青椒切开，去籽，切成条，改切成粒。

2 锅中注水烧开，倒入萝卜干，搅拌片刻，捞出，沥干水分。

3 用油起锅，倒入蒜末、葱段、青椒，爆香，放入萝卜干，快速翻炒片刻。

4 加入豆瓣酱，翻炒均匀，加入盐、鸡粉，炒匀调味，盛出装盘即可。

擂辣椒

3分钟　开胃消食

原料： 青辣椒300克，蒜末少许

调料： 盐、鸡粉各3克，豆瓣酱10克，生抽5毫升，食用油适量

做法

1 洗净的青辣椒去蒂，待用。

2 热锅注油，烧至五成热，倒入青辣椒，搅拌片刻，炸至青辣椒呈虎皮状，捞出沥干油。

3 把青辣椒倒入碗中，加入蒜末，用木臼棒把青辣椒捣碎，放入豆瓣酱、生抽拌匀。

4 加入盐、鸡粉，搅拌片刻，至食材入味，盛出，装入盘中即可。

豆豉香炒辣椒

4分钟　开胃消食

原料： 豆豉55克，红辣椒50克，青辣椒40克

调料： 盐、鸡粉各少许，白糖2克，料酒2毫升，生抽3毫升，水淀粉、花生油各适量

做法

1 将洗净的青辣椒切开，去籽，再切片；洗好的红辣椒切开，去籽，改成片。

2 电陶炉通电，放上炒锅加热，放入花生油、豆豉爆香，再放入青辣椒片、红辣椒片，翻炒至断生。

3 调低电陶炉的加热温度，放入料酒、生抽、盐、白糖、鸡粉、水淀粉，炒入味，盛出即可。

3分钟

防癌抗癌

铁板花菜

原料： 花菜300克，红椒15克，香菜20克，蒜末、干辣椒、葱段各少许

调料： 盐3克，鸡粉2克，料酒5毫升，生抽4毫升，辣椒酱10克，食用油、水淀粉各适量

烹饪小提示

花菜焯水后应过几次凉开水，待沥干后再用，以保持其清脆的口感。

做法

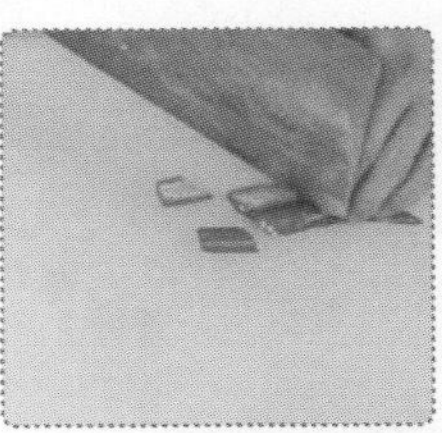

1 洗净的红椒切小段；洗好的香菜切小段；洗净的花菜切小朵。

2 锅中注水烧开，加入1克盐、少许食用油，倒入花菜焯约1分钟至断生，捞出。

3 用油起锅，倒入蒜末、干辣椒、葱段，爆香。

4 放入红椒、花菜，翻炒匀，加入料酒、生抽、鸡粉、2克盐、辣椒酱，炒匀。

5 倒入少许水，翻炒匀，略煮一会儿，至食材熟透，倒入适量水淀粉，翻炒入味。

6 取预热的铁板，盛入锅中的食材，放上香菜即可。

油淋菠菜

4分钟　促进消化

扫一扫看视频

原料： 菠菜150克，剁椒20克，葱花少许

调料： 盐1克，食用油12毫升

做法

1 锅中注水烧开，加入盐、2毫升食用油，倒入洗净的菠菜，汆片刻至断生。

2 捞出汆好的菠菜，稍放凉后挤干水分，摆盘待用，撒上葱花，放上剁椒。

3 锅中注入10毫升食用油，烧至六成热。

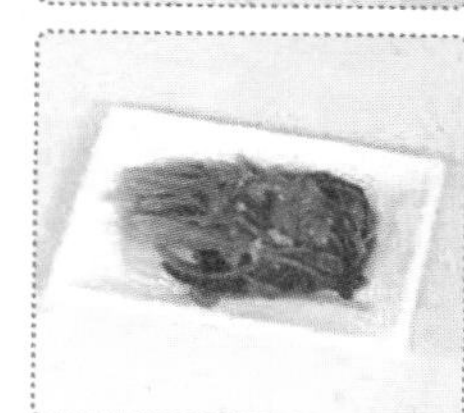

4 将烧热的油浇在菠菜上即可。

扫一扫看视频

蒜泥蒸茄子

13分钟　降低血压

原料： 茄子300克，彩椒40克，蒜末45克，香菜、葱花各少许

调料： 生抽、陈醋各5毫升，鸡粉、盐各2克，芝麻油2毫升，食用油少许

做法

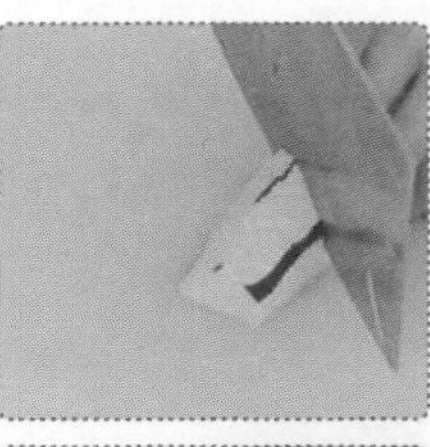

1 洗好的彩椒切粒；洗净的茄子去皮，对半切开，切上网格花刀，装盘摆好。

2 蒜末、葱花装碗，加入生抽、陈醋、鸡粉、盐、芝麻油，拌匀，制成味汁。

3 把味汁浇在茄子上，放上彩椒粒。把茄子放入烧开的蒸锅中，大火蒸10分钟至熟。

4 取出蒸好的茄子，撒上少许葱花，浇上少许热油，放上香菜点缀即可。

豆瓣茄子

3分钟　清热解毒

原料： 茄子300克，红椒40克，姜末、葱花各少许

调料： 盐、鸡粉各2克，生抽、水淀粉各5毫升，豆瓣酱15克，食用油适量

做法

1 洗净去皮的茄子切段，改切成条；洗好的红椒切去头尾，切开，改切成粒。

2 热锅中注油烧至四成热，放入茄子，炸至金黄色，捞出茄子，沥干油。

3 锅底留油，炒香姜末、红椒，倒入豆瓣酱，炒匀，放入茄子，加少许水，炒匀。

4 放入盐、鸡粉、生抽，炒匀，加入水淀粉勾芡，盛出装碗，撒上葱花即可。

彩椒茄子

3分钟　降低血压

原料： 彩椒、黄瓜各80克，胡萝卜70克，茄子270克，姜片、蒜末、葱段、葱花各少许

调料： 盐、鸡粉各2克，生抽4毫升，蚝油7克，水淀粉5毫升，食用油适量

做法

1 洗净的茄子去皮切丁；洗净去皮的胡萝卜切丁；洗好的黄瓜切丁；洗好的彩椒切丁。

2 热锅注油，烧至五成热，倒入茄子丁，炸至微黄色，捞出。

3 锅底留油，爆香姜片、蒜末、葱段，倒入胡萝卜、黄瓜、彩椒丁，略炒片刻。

4 调入盐、鸡粉，放入茄子，加入生抽、蚝油、水淀粉炒匀，盛出装盘，撒上葱花即可。

扫一扫看视频

口味茄子煲

5分钟 清热解毒

原料： 茄子200克，大葱70克，朝天椒25克，肉末80克，姜片、蒜末、葱段、葱花各少许

调料： 盐、鸡粉各2克，老抽2毫升，生抽、辣椒油、水淀粉各5毫升，豆瓣酱、辣椒酱各10克，椒盐粉1克，食用油适量

做法

1 洗净去皮的茄子切段，再切成条；洗好的大葱切成小段；洗净的朝天椒切成圈。

2 热锅中注油烧至五成热，放入茄子，拌匀，炸至金黄色，捞出，沥干油。

3 锅底留油，放入肉末炒散，加入生抽，放入朝天椒、葱段、蒜末、姜片，炒匀。

4 放入大葱，炒匀，倒入茄子，注水，放入豆瓣酱、辣椒酱、辣椒油、椒盐粉。

5 调入老抽、盐、鸡粉，倒入水淀粉勾芡，盛入砂锅中，烧热，放入葱花即可。

烹饪小提示

炸茄子的油温不宜过高，以免炸老了，影响口感。

酸辣土豆丝

4分钟　开胃消食

原料： 土豆250克，干辣椒适量，葱花4克

调料： 盐3克，鸡粉、白糖各2克，白醋6毫升，植物油10毫升，芝麻油少许

做法

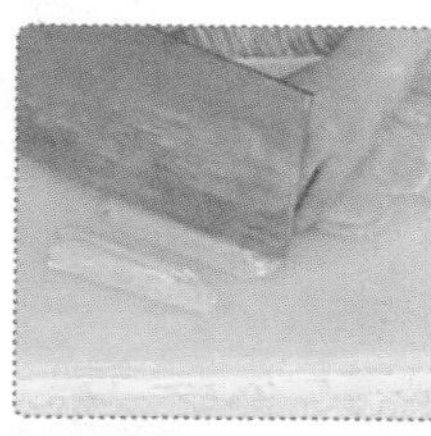

1 去皮洗净的土豆切片，改刀切丝。

2 用油起锅，放入干辣椒，爆香，放入切好的土豆丝，翻炒约2分钟至断生。

3 加入盐、白糖、鸡粉，炒匀，淋入白醋，炒约1分钟至入味。

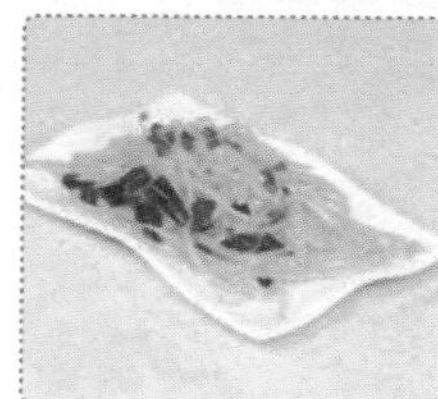

4 倒入少许芝麻油，炒匀，盛出炒好的土豆丝，装在盘中，撒上葱花即可。

扫一扫看视频

酱焖小土豆

23分钟 增强免疫力

原料： 去皮小土豆700克，葱段、姜片各少许

调料： 盐、鸡粉各1克，白糖2克，豆瓣酱20克，生抽、芝麻油各5毫升，水淀粉、食用油各适量

做法

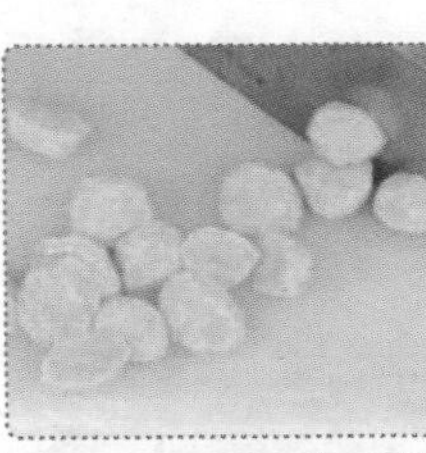

1 洗净的土豆对半切开，待用。

2 热锅注油，放入姜片、葱段、豆瓣酱，大火爆香，加入生抽，注入适量水。

3 倒入切好的土豆，加入盐、白糖，拌匀，大火煮开后转小火焖20分钟至熟软。

4 加入鸡粉，拌匀，用水淀粉勾芡，淋入芝麻油，炒匀，盛出装盘即可。

豆豉炒三丝

3分钟 增强免疫力

原料： 土豆、胡萝卜各150克，榨菜丝20克，豆豉10克

调料： 盐2克，鸡粉3克，食用油适量

做法

1 洗净去皮的胡萝卜切片，改切成丝；洗好去皮的土豆切片，改切成丝。

2 锅中注水烧开，倒入土豆、胡萝卜，略煮一会儿，捞出装盘备用。

3 用油起锅，倒入豆豉，炒匀，加入榨菜丝，炒匀，倒入胡萝卜丝、土豆丝，炒匀。

4 加入盐、鸡粉，炒约1分钟至熟，关火后盛出炒好的菜肴，装入盘中即可。

剁椒蒸香芋

13分钟 排毒瘦身

原料： 香芋300克，剁椒40克，豆豉30克，蒜末、姜末各少许

调料： 食用油适量

做法

1 洗净去皮的香芋切成块儿。

2 热锅注油烧至五成热，倒入香芋块，炸至金黄色，捞出，沥干油。

3 锅底留油，爆香姜末、蒜末、豆豉、剁椒，注水，略煮一会儿，倒入香芋内，拌匀。

4 香芋装盘，放入烧开的蒸锅中，大火蒸10分钟至熟软，取出即可。

扫一扫看视频

榨菜炒白萝卜丝

2分钟　降低血糖

原料： 榨菜头120克，白萝卜200克，红椒40克，姜片、蒜末、葱段各少许

调料： 盐、鸡粉各2克，豆瓣酱10克，水淀粉、食用油各适量

做法

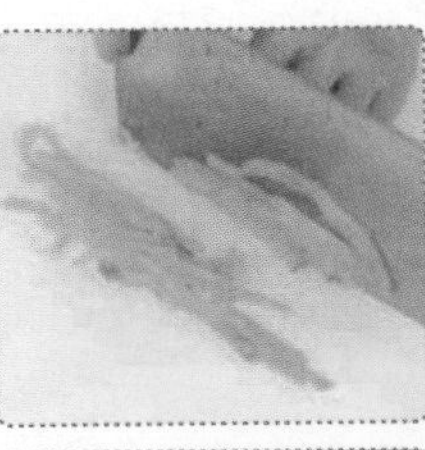

1 洗净去皮的白萝卜切丝；洗好的榨菜头切丝；洗净的红椒切段，切开去籽，改切丝，待用。

2 锅中注水烧开，加入食用油、1克盐，倒入榨菜丝煮半分钟，倒入白萝卜丝煮1分钟，捞出。

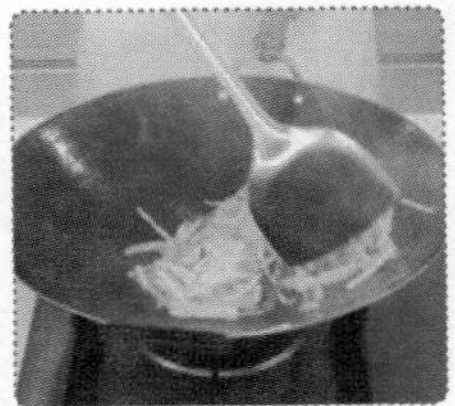

3 热锅注油，爆香姜片、蒜末、葱段，加入红椒丝、榨菜丝、白萝卜丝，翻炒匀。

4 加入鸡粉、1克盐、豆瓣酱，炒匀调味，倒入水淀粉炒匀，盛出装盘即可。

酱腌白萝卜

24小时10分钟　增强免疫力

原料： 白萝卜350克，朝天椒圈、姜片、蒜头各少许

调料： 盐7克，白糖3克，生抽4毫升，老抽、陈醋各3毫升

做法

1 将洗净去皮的白萝卜对半切开，切成片。

2 白萝卜装碗，放盐拌匀，腌渍一会儿至入味，加白糖拌匀，倒水，清洗一遍，滤出。

3 白萝卜装碗，放入生抽、老抽、陈醋，再加入适量水，拌匀，放入姜片、蒜头、朝天椒圈，拌匀。

4 用保鲜膜包裹密封好，腌渍24小时，把保鲜膜去掉，将腌好的白萝卜装盘即可。

辣椒炒茭白

3分钟　强身健体

原料： 茭白180克，青椒、红椒各20克，姜片、蒜末、葱段各少许

调料： 盐3克，鸡粉2克，生抽、水淀粉、食用油各适量

做法

1 茭白洗净切片；青椒洗净对半切开，去籽，切小块；红椒洗净对半切开，去籽，切小块。

2 锅中注水烧开，加入少许食用油、1克盐，放入茭白、青椒、红椒焯约半分钟至断生，捞出。

3 用油起锅，爆香姜片、蒜末、葱段，倒入焯好的食材，拌炒匀。

4 加入2克盐、鸡粉、生抽，炒匀调味，倒入水淀粉，炒匀，盛出，装入盘中即可。

剁椒冬笋

3分钟　防癌抗癌

原料： 冬笋200克，大葱50克，剁椒40克，蒜末、葱花各少许

调料： 盐、鸡粉各3克，水淀粉、生抽各5毫升，食用油适量

做法

1 洗净的大葱切成圈，待用；去皮洗好的冬笋切块，再切成片。

2 锅中注水烧开，放入1克盐、1克鸡粉，倒入冬笋，搅拌片刻，煮1分30秒，捞出。

3 用油起锅，爆香蒜末，放入大葱，炒香，加入剁椒，倒入冬笋，炒均匀。

4 淋入生抽，调入2克盐、2克鸡粉，加入水淀粉，翻炒片刻，倒入葱花，炒匀，盛出即可。

香辣春笋

3分钟　降压降糖

原料： 竹笋180克，红椒25克，姜块15克，葱花少许

调料： 辣椒酱25克，料酒4毫升，白糖2克，鸡粉、陈醋各少许，食用油适量

做法

1 洗净去皮的竹笋切薄片；洗好的红椒切开去籽，切细丝；洗净的姜块切细丝。

2 锅中注水烧开，倒入竹笋，淋入料酒，略煮一会儿，捞出，沥水。

3 用油起锅，倒入姜丝，爆香，倒入红椒丝，炒匀，撒上葱花，倒入辣椒酱，翻炒均匀。

4 注入适量水，加入白糖、鸡粉、陈醋，调成味汁，盛出，浇在装盘的竹笋上即可。

湘西外婆菜

3分钟　开胃消食

扫一扫看视频

原料： 外婆菜300克，青椒、红椒各1个，朝天椒、蒜末各少许

调料： 盐、鸡粉各3克，食用油适量

做法

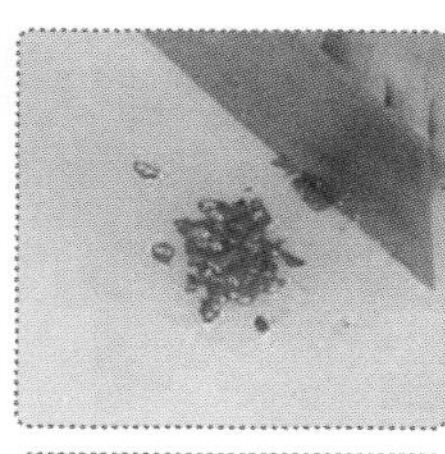

1 将洗净的朝天椒去蒂，切成圈，放入盘中，待用。

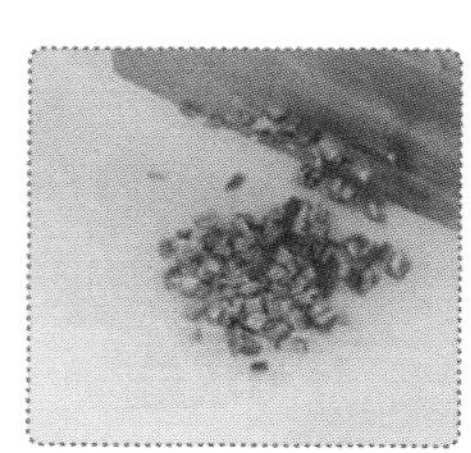

2 洗好的红椒切去头尾，对半切开，去籽，切小块；洗净的青椒切开，去籽，切成粒。

3 用油起锅，放入蒜末，炒香，放入朝天椒、青椒、红椒，炒香，倒入外婆菜，翻炒均匀。

4 放入盐、鸡粉炒匀，关火后盛出炒好的菜肴，装入盘中即可。

黄瓜蒜片

2分钟 降压降糖

原料： 黄瓜140克，红椒12克，大蒜13克

调料： 盐、鸡粉各2克，生抽2毫升，水淀粉、食用油各适量

做法

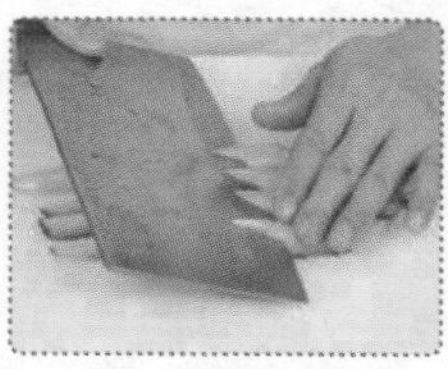

1 将洗净去皮的大蒜切片；洗好的黄瓜去皮，切成小块；洗净的红椒切成小块。

2 热锅注油烧热，倒入切好的蒜片，用大火爆香。

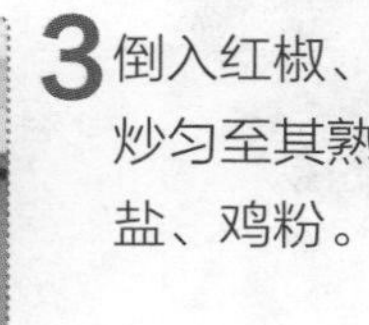

3 倒入红椒、黄瓜，翻炒匀至其熟软，加入盐、鸡粉。

4 再淋入生抽，拌炒均匀，至红椒和黄瓜完全入味。

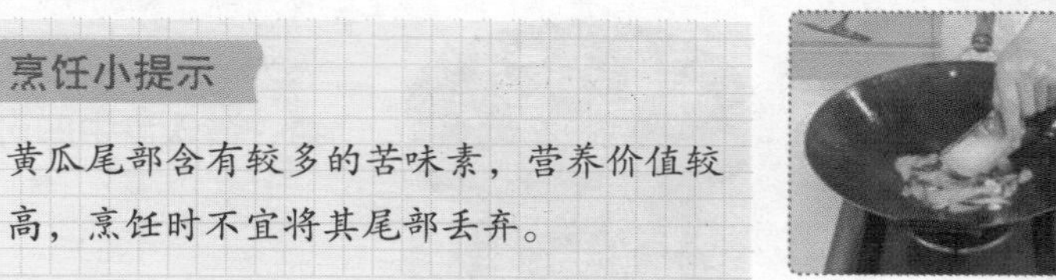

5 加入少许水，拌炒一会儿，倒入水淀粉，使锅中食材裹匀芡汁，盛出即成。

烹饪小提示

黄瓜尾部含有较多的苦味素，营养价值较高，烹饪时不宜将其尾部丢弃。

酱汁黄瓜卷

12分钟 清热解毒

原料： 黄瓜200克，红椒40克，蒜末少许

调料： 盐、白糖各3克，豆瓣酱10克，鸡粉2克，水淀粉4毫升，辣椒油、生抽各5毫升，食用油适量

做法

1 洗净的红椒切开，去籽，切丝，再切粒；洗净的黄瓜修齐，切成薄片。

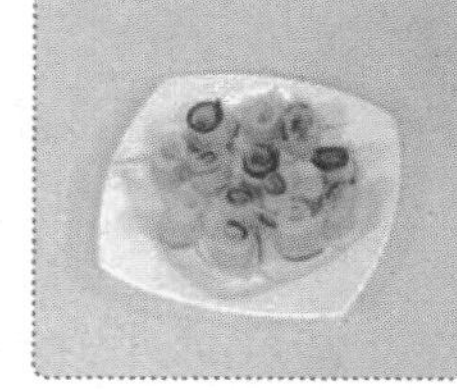

2 黄瓜片装盘，撒上盐，腌渍10分钟使其变软，再依次卷成卷，用牙签固定。

3 热锅注油，炒香蒜末、红椒粒、豆瓣酱，淋入生抽，注水，搅拌匀。

4 加入鸡粉、白糖、水淀粉、辣椒油，制成芡汁，浇在黄瓜卷上即可。

扫一扫看视频

蓑衣黄瓜

5分钟 增强免疫力

原料： 黄瓜1根，蒜蓉、香菜末、葱末、红椒末各5克

调料： 盐3克，白糖2克，陈醋6毫升，芝麻油5毫升

做法

1 黄瓜用开水淋洗片刻，捞出，沥干水分，待用。

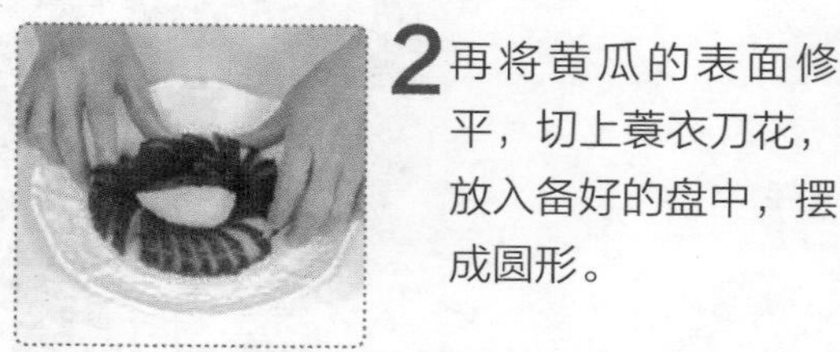

2 再将黄瓜的表面修平，切上蓑衣刀花，放入备好的盘中，摆成圆形。

3 将陈醋倒入装有蒜蓉、香菜末、葱末、红椒末的小碟中，加入盐、白糖、芝麻油，拌匀成味汁。

4 将拌好的味汁淋在黄瓜上，摆好盘即成。

蒜片苦瓜

2分钟　降低血压

原料： 苦瓜200克，大蒜25克，红椒10克

调料： 盐2克，鸡粉、食粉各少许，白糖3克，蚝油4克，水淀粉、食用油各适量

做法

1 将洗净的苦瓜对半切开，去瓤，再切小块；洗好的红椒切圈；去皮洗净的大蒜切成片。

2 锅中注水烧开，撒上少许食粉，放入苦瓜片，搅拌匀，再煮约半分钟，捞出。

3 起油锅，爆香蒜片，倒入煮过的苦瓜，翻炒匀，放入蚝油，再加入盐、鸡粉。

4 撒上白糖，翻炒入味，倒入红椒，快炒几下，倒入水淀粉勾芡，盛出装盘即成。

豆豉炒苦瓜

2分钟　降低血压

原料： 苦瓜150克，豆豉、蒜末、葱段各少许

调料： 盐3克，水淀粉、食用油各适量

做法

1 将洗净的苦瓜切开，去除瓜瓤，用斜刀切成片，待用。

2 锅中注水烧开，加入1克盐，倒入苦瓜，拌匀，再煮约1分钟至八成熟后捞出。

3 起油锅，爆香豆豉、蒜末、葱段，倒入煮过的苦瓜，翻炒匀。

4 加入2克盐，炒匀调味，倒入水淀粉，炒至熟透、入味，盛出装盘即成。

13分钟

美容养颜

湘味蒸丝瓜

原料： 丝瓜350克，水发粉丝150克，剁椒50克，蒜末、姜末、葱花各适量

调料： 料酒5毫升，蚝油5克，鸡粉、白糖、食用油各适量

烹饪小提示

泡发好的粉丝可以切成段再入锅蒸，这样更方便食用。

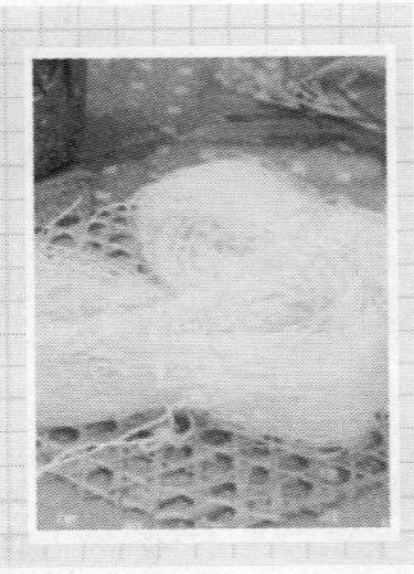

做法

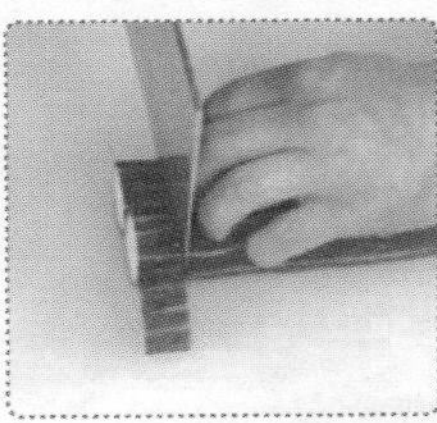

1 洗净去皮的丝瓜切成均等的段，摆在盘中，待用。

2 热锅注油烧热，倒入姜末、蒜末，爆香，倒入备好的剁椒，翻炒均匀。

3 倒入料酒、鸡粉、白糖、蚝油，注入适量水，翻炒均匀，将炒好的酱汁盛出，装入碗中。

4 在丝瓜上摆上泡发好的粉丝，倒上酱汁，待用。

5 蒸锅上火烧开，放入食材，盖上锅盖，用中火蒸10分钟至食材入味。

6 掀开锅盖，将丝瓜取出，撒上备好的葱花即可。

蒜蓉豉油蒸丝瓜

8分钟　美容养颜

扫一扫看视频

原料：丝瓜200克，红椒丁5克，蒜末少许

调料：蒸鱼豉油5毫升，食用油适量

做法

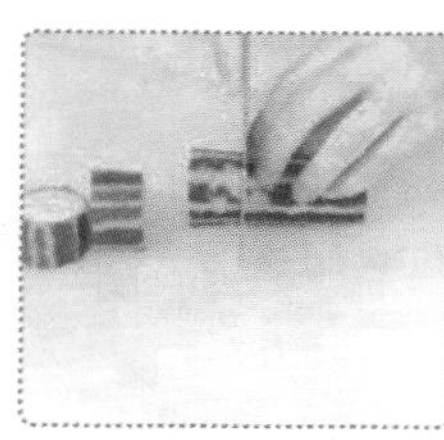

1 将洗净去皮的丝瓜切段，放在蒸盘中，摆放整齐。

2 淋入适量食用油，浇上蒸鱼豉油，撒入蒜末，点缀上红椒丁，待用。

3 备好电蒸锅，烧开后放入蒸盘，盖上盖，蒸约5分钟，至食材熟透。

4 断电后揭盖，取出蒸盘，稍微冷却后即可食用。

扫一扫看视频

湘味粉丝蒸丝瓜

12分钟　清热解毒

原料： 丝瓜260克，水发粉丝200克，剁椒15克，葱花3克

调料： 白糖5克，生抽10毫升，食用油适量

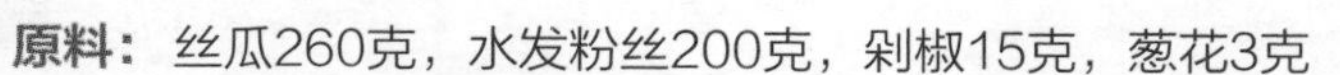

做法

1 洗好的粉丝切长段；洗净去皮的丝瓜切菱形块；剁椒装碗，撒上白糖，调成味汁。

2 取一蒸盘，放入切好的粉丝，摆上丝瓜块，再浇上味汁。

3 备好电蒸锅，烧开水后放入蒸盘，盖上盖，蒸约8分钟，至食材熟透。

4 断电后揭开锅盖，取出蒸盘，撒上葱花，浇上热油，淋入生抽即可。

泡椒蒸冬瓜

22分钟 瘦身排毒

原料： 冬瓜片125克，灯笼泡椒70克，泡小米椒25克，姜末少许

调料： 盐少许，鸡粉、白糖各2克，食用油适量

做法

1 将泡小米椒切成碎末；把一小部分灯笼泡椒切成细末。

2 起油锅，爆香姜末，倒入切好的原料，炒匀，注水，加入盐、鸡粉、白糖调成辣酱汁。

3 冬瓜片放入蒸盘铺整齐，摆上余下的灯笼泡椒，再盛入辣酱汁，浇在冬瓜片上，摊开。

4 蒸锅上火烧开，放入蒸盘，中火蒸约20分钟至熟，取出，拣出灯笼泡椒即可。

蒜蓉虾皮蒸南瓜

17分钟 美容养颜

原料： 小南瓜185克，蒜末40克，虾皮30克

调料： 蒸鱼豉油10毫升，食用油适量

做法

1 洗净的小南瓜切片；将切好的南瓜片摆盘，待用。

2 用油起锅，爆香蒜末，放入虾皮炒约1分钟至微黄，盛出，均匀浇在南瓜片上。

3 取出电蒸锅，通电后注水烧开，揭盖，放入备好的南瓜片。

4 加上盖，蒸煮15分钟至食材熟软，断电后取出蒸好的南瓜，淋上蒸鱼豉油即可。

扫一扫看视频

豉香佛手瓜

3分钟 补锌

原料： 佛手瓜500克，彩椒15克，豆豉少许

调料： 盐2克，鸡粉、白糖各1克，水淀粉5毫升，食用油适量

做法

1 洗好的佛手瓜去头尾，切开，再切成瓣，去瓤，改切成块；洗净的彩椒切条，改切块。

2 锅中注水烧开，倒入佛手瓜，加入1克盐、少许食用油，拌匀，放入彩椒，煮至断生，捞出。

3 用油起锅，爆香豆豉，放入佛手瓜、彩椒，炒匀。

4 加入1克盐、鸡粉、白糖、水淀粉，炒约1分30秒至食材熟透，盛出装盘即可。

剁椒佛手瓜丝

2分钟 清热解毒

原料： 佛手瓜120克，剁椒35克，姜片、蒜末、葱段各少许

调料： 盐、鸡粉各2克，水淀粉、食用油各适量

做法

1 将洗净去皮的佛手瓜对半切开，去除核，改切成粗丝，装在盘中，待用。

2 用油起锅，放入姜片、蒜末、葱段，大火爆香，倒入剁椒，炒香、炒透。

3 倒入切好的佛手瓜，快速翻炒片刻，至食材变软，加入盐、鸡粉，炒匀调味。

4 倒入水淀粉勾芡，翻炒至食材熟透、入味，盛出装在盘中即成。

豉香山药条

2分钟 养心润肺

原料： 山药350克，青椒25克，红椒20克，豆豉45克，蒜末、葱段各少许

调料： 盐3克，鸡粉2克，豆瓣酱10克，白醋8毫升，食用油适量

做法

1 洗净的红椒切开，切粒；洗好的青椒切开，切粒；洗净去皮的山药切条。

2 锅中注水烧开，放入白醋、1克盐，倒入山药，煮约1分钟，至其断生，捞出。

3 起油锅，爆香豆豉，加入葱段、蒜末，放入红椒、青椒，炒匀，倒入豆瓣酱，炒匀。

4 放入焯过水的山药条，炒匀，加入2克盐、鸡粉，翻炒入味，盛出装盘即可。

辣油藕片

2分钟 清热解毒

原料： 莲藕350克，姜片、蒜末、葱花各少许

调料： 白醋7毫升，陈醋10毫升，辣椒油8毫升，盐2克，鸡粉2克，生抽、水淀粉各4毫升，食用油适量

做法

1 洗净去皮的莲藕切开，再切成藕片。
2 锅中注水烧开，淋入白醋，倒入藕片，搅散，煮半分钟至断生，捞出。
3 用油起锅，爆香姜片、蒜末，倒入焯过水的藕片，翻炒均匀，淋入陈醋、辣椒油。
4 加盐、鸡粉、生抽，加水淀粉炒匀，撒上葱花，炒香，盛出装盘即可。

湖南麻辣藕

3分钟 开胃消食

原料： 莲藕300克，花椒3克，剁椒20克，姜片、蒜末各少许

调料： 盐5克，白醋5毫升，老干妈辣酱20克，鸡粉、水淀粉、食用油各适量

做法

1 将去皮洗净的莲藕切成片，装入碗中备用。
2 锅中加水烧开，加入白醋、2克盐，倒入莲藕片，拌匀，煮约1分钟至熟，捞出。
3 用油起锅，倒入姜片、蒜末、花椒，炒香，倒入莲藕，翻炒片刻。
4 加入老干妈辣酱、剁椒，加3克盐、鸡粉，炒匀调味，加入水淀粉，炒匀，盛出装盘即可。

老干妈孜然莲藕

5分钟 益气补血

原料： 去皮莲藕400克，姜片、蒜末、葱段各少许

调料： 盐3克，鸡粉2克，孜然粉5克，老干妈辣酱30克，生抽、白醋、食用油各适量

做法

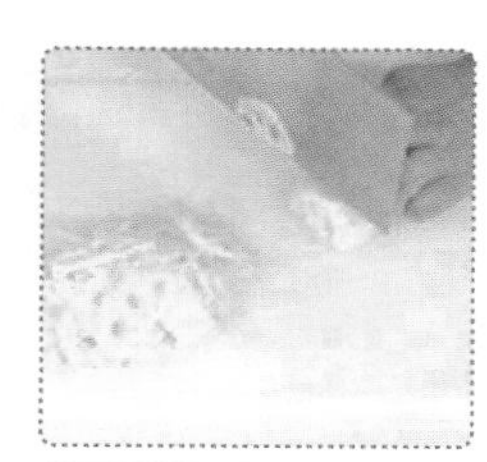

1 洗净的莲藕对半切开，改切薄片；碗中加水，放入1克盐、白醋，拌匀，倒入莲藕，拌匀。

2 莲藕入沸水锅中焯水至断生，捞出浸入凉水中，冷却后沥干水分待用。

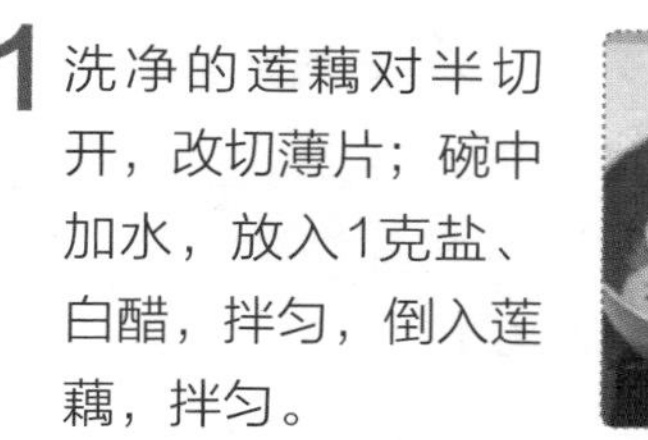

3 用油起锅，爆香姜片、蒜末，放入老干妈辣酱，拌匀，加入孜然粉，倒入莲藕，翻炒均匀。

4 加入生抽、盐、鸡粉，翻炒约2分钟，使其入味，放入葱段，炒匀，盛出装盘即可。

扫一扫看视频

鲜菇烩湘莲

4分钟　防癌抗癌

原料： 草菇100克，西蓝花、水发莲子各150克，胡萝卜50克，姜片、葱段各少许

调料： 料酒13毫升，盐、鸡粉各4克，生抽4毫升，蚝油10克，水淀粉5毫升，食用油适量

做法

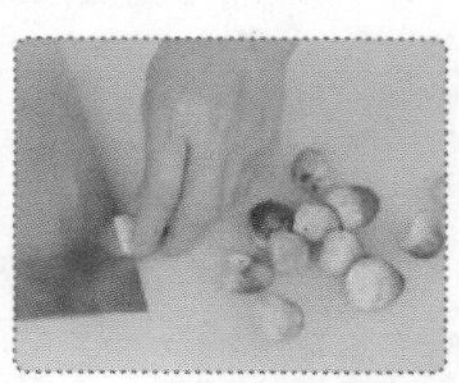

1 西蓝花洗净切小块；草菇洗净去根，切上十字花刀；洗净去皮的胡萝卜切片。

2 锅中注水烧开，加入少许食用油、盐、鸡粉、料酒，下草菇、莲子煮至断生，捞出。

3 将西蓝花倒入沸水锅中，搅匀，煮半分钟至断生，捞出，沥干水分，装盘备用。

4 起油锅，爆香姜片、葱段，倒入胡萝卜片，炒匀，倒入草菇和莲子，淋入料酒。

5 调入生抽、盐、鸡粉、水、蚝油、水淀粉炒匀，盛出，放在西蓝花上即可。

烹饪小提示

草菇如果没炒熟，食用后会引起身体不适，因此一定要烹制熟透后再食用。

剁椒白玉菇

3分钟　增强免疫力

原料： 白玉菇120克，剁椒40克

调料： 鸡粉2克，白醋7毫升，芝麻油6毫升

做法

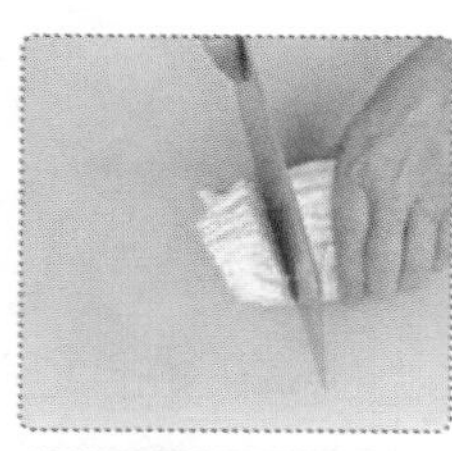

1 洗好的白玉菇切去根部，备用。

2 锅中注入适量水烧开，倒入白玉菇，拌匀，煮至断生，捞出，沥干水分。

3 取一个大碗，倒入白玉菇，放入备好的剁椒，加入鸡粉、白醋、芝麻油。

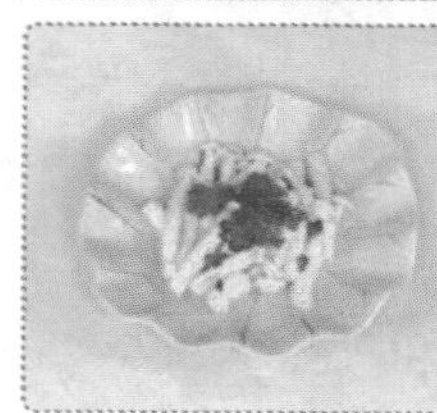

4 拌匀，至食材入味，将拌好的菜肴盛入盘中即可。

湘味金针菇

11分钟 防癌抗癌

原料： 金针菇150克，剁椒10克

调料： 盐2克，水淀粉10毫升，食用油适量

做法

1 取一干净的蒸盘，放入洗好的金针菇，铺开，待用。

2 备好电蒸锅，放入蒸盘，盖上盖，蒸约10分钟，至食材熟透，断电后揭盖，取出蒸盘。

3 用油起锅，放入备好的剁椒，加入盐，倒入水淀粉，拌匀，调成味汁。

4 关火后盛出，浇在蒸熟的金针菇上即成。

干锅茶树菇

5分钟 滋阴补肾

原料： 茶树菇120克，芹菜60克，白菜叶40克，红椒30克，青椒20克，干辣椒、花椒、八角、香叶、沙姜、草果各适量，蒜末、姜末各少许

调料： 盐、鸡粉各2克，生抽3毫升，食用油适量

做法

1 青、红椒均洗净去籽，切粗丝；芹菜洗净切长段；洗净的茶树菇入油锅炸约1分钟，捞出。

2 起油锅，爆香姜末、蒜末，放入青椒、红椒、芹菜、茶树菇、盐、鸡粉、生抽炒入味，盛出。

3 干锅倒油烧热，爆香干辣椒、花椒、八角、香叶、沙姜、草果，放入洗净的白菜叶摆齐。

4 倒入炒过的材料，摆好，小火焖约2分钟至菜叶熟透，取下干锅，趁热食用即可。

红椒炒青豆

4分钟 增强免疫力

原料： 青豆200克，红椒45克，姜片、蒜末、葱段各少许

调料： 盐3克，鸡粉2克，水淀粉、食用油各适量

做法

1 洗净的红椒对半切开，去籽，切成段，再切成条形，改切成丁，放在盘中，待用。

2 锅中注水烧开，放入1克盐、1克鸡粉、少许食用油，倒入洗净的青豆，煮至断生后捞出。

3 用油起锅，爆香姜片、蒜末、葱段，倒入切好的红椒丁，翻炒一会儿，放入青豆，翻炒至熟软。

4 加1克鸡粉、2克盐，炒匀调味，倒入水淀粉勾芡，盛出炒好的菜肴，装在盘中即成。

4分钟

增强免疫力

豉椒酱刀豆

原料：刀豆200克，干辣椒、豆豉各5克，蒜末少许

调料：豆瓣酱、辣椒酱各10克，鸡粉2克，水淀粉4毫升，食用油适量，盐少许

烹饪小提示

刀豆焯水的时间不宜过长，以免影响口感。

做法

1 择洗好的刀豆切成块，待用。

2 锅中注入适量的水，大火烧开，倒入切好的刀豆。

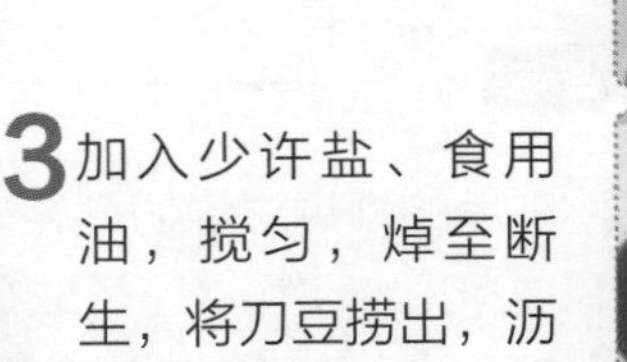

3 加入少许盐、食用油，搅匀，焯至断生，将刀豆捞出，沥干水分，备用。

4 热锅注油烧热，倒入蒜末、干辣椒，翻炒爆香。

5 倒入豆豉、豆瓣酱，快速翻炒均匀，放入辣椒酱、刀豆，快速翻炒均匀。

6 淋入少许水，翻炒一会儿，加入鸡粉、水淀粉，翻炒至熟透入味，盛出装盘即可。

湘味扁豆

38分钟　健脾止泻

原料： 扁豆200克，红椒50克，蒜末2克

调料： 盐、鸡粉各2克

做法

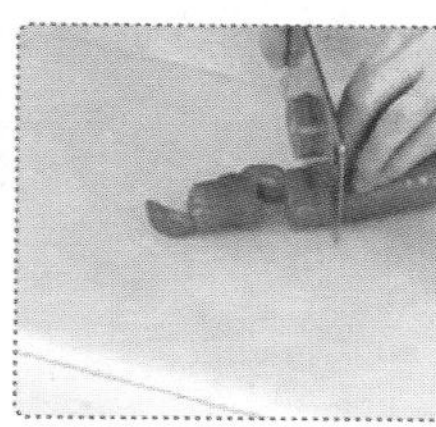

1 将洗净的红椒切成圈，待用。

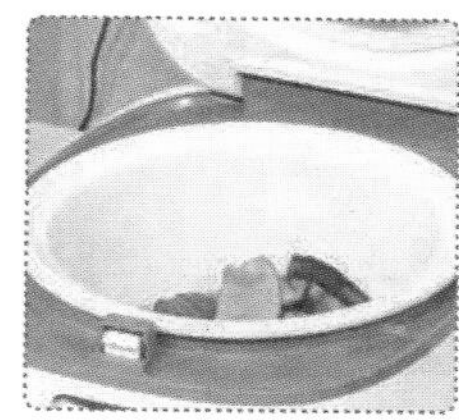

2 备好电饭锅，打开盖，倒入红椒圈，放入洗净的扁豆，撒上蒜末，注入适量水，搅匀。

3 盖上盖，按功能键，煮约30分钟至食材熟透，揭盖，加入盐、鸡粉，搅匀。

4 盖盖，按功能键，续煮约5分钟，至汤汁入味，按下“取消”键，断电后揭盖，盛出即成。

剁椒煎豆腐

5分钟　清热解毒

原料：豆腐250克，剁椒45克，葱花少许
调料：蚝油、盐、味精、食用油各适量

做法

1 将洗净的豆腐切成片，再改切成块，待用。
2 用油起锅，放入豆腐，加入少许盐，煎至两面金黄色。
3 倒入剁椒，加适量水，放入蚝油、盐、味精，拌匀，煮至入味。
4 撒上葱花，翻炒匀，盛出装盘即可。

毛家蒸豆腐

7分钟　降低血脂

原料：豆腐300克，剁椒80克，葱花少许
调料：鸡粉2克，生粉4克，食用油适量

做法

1 把洗净的豆腐用斜刀切成块，整齐地摆在盘中，待用。
2 将剁椒放在小碗中，加入鸡粉、生粉，拌匀，注入少许食用油，拌匀，制成味汁。
3 将味汁浇在豆腐上，再将豆腐放入加热后的蒸锅，用大火蒸约5分钟至食材熟透。
4 取出蒸好的豆腐，撒上少许葱花，再淋入少许熟油即可。

家常豆豉烧豆腐

3分钟　清热解毒

扫一扫看视频

原料： 豆腐450克，豆豉10克，彩椒25克，蒜末、葱花各少许

调料： 盐3克，生抽4毫升，鸡粉2克，辣椒酱6克，水淀粉、食用油适量

做法

1 洗净的彩椒切粗丝，再切成小丁；洗好的豆腐切成条，改切成小方块。

2 锅中注水烧开，加入1克盐，倒入豆腐块，拌匀，焯约1分钟，去除酸味，捞出，沥干水分。

3 用油起锅，爆香豆豉、蒜末，放入彩椒丁，炒匀，倒入豆腐块，注水拌匀。

4 加入2克盐、生抽、鸡粉、辣椒酱，略煮入味，倒入水淀粉，拌至汤汁收浓，盛出装盘，撒上葱花即可。

扫一扫看视频

腊味家常豆腐

9分钟　开胃消食

原料：豆腐200克，腊肉180克，干辣椒、蒜末各10克，朝天椒15克，姜片、葱段各少许

调料：盐、鸡粉各1克，生抽、水淀粉各5毫升，食用油适量

做法

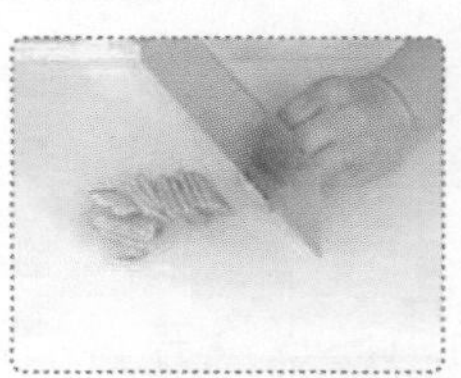

1 洗净的豆腐切成粗条；腊肉对半切开，再切片。

2 热锅注油，放入豆腐，煎约4分钟至两面焦黄，出锅备用。

3 锅留底油，炒香腊肉，放入姜片、蒜末、干辣椒、朝天椒，炒匀。

4 加入生抽，注入适量水，倒入煎好的豆腐，炒至豆腐熟软。

5 加入盐、鸡粉，翻炒2分钟，用水淀粉勾芡，倒入葱段，炒至收汁，盛出即可。

烹饪小提示

煎豆腐的时候火不宜太大，中火为佳，以免煎煳。

铁板日本豆腐

4分钟　降低血压

扫一扫看视频

原料： 日本豆腐160克，肉末50克，红椒10克，洋葱丝40克，姜片、蒜末、葱段、香菜末各少许

调料： 盐、白糖、鸡粉、辣椒酱、生抽、料酒、生粉各少许，水淀粉、食用油各适量

做法

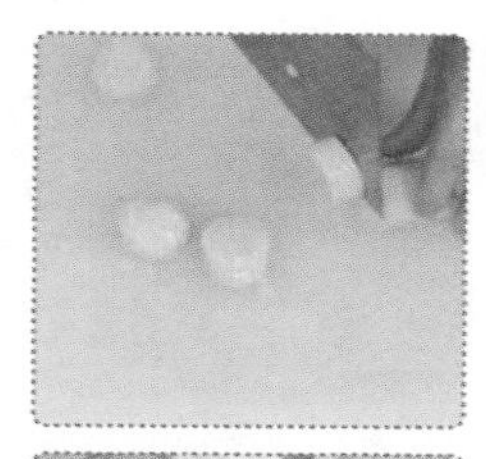

1 豆腐去除包装，切小段；洗净的红椒切开去籽，切小段；豆腐装盘，撒上少许生粉，待用。

2 热锅注油烧至四成热，放入日本豆腐，炸约1分钟至其呈金黄色，捞出。

3 热油爆香姜片、蒜末、葱段，下肉末炒至变色，加料酒、生抽、适量水、红椒炒匀，加辣椒酱炒匀。

4 加盐、鸡粉、白糖，煮沸，倒入豆腐、水淀粉煮入味，盛入垫有洋葱丝的铁板上，点缀上香菜末即可。

扫一扫看视频

双椒蒸豆腐

13分钟　益气补血

原料： 豆腐300克，剁椒、小米椒各15克，葱花3克

调料： 蒸鱼豉油10毫升

做法

1 将洗净的豆腐切成片，待用。

2 取一蒸盘，放入豆腐片，摆好，撒上剁椒和小米椒，封上保鲜膜，待用。

3 备好电蒸锅，烧开水后放入蒸盘，盖上盖，蒸约10分钟，至食材熟透。

4 断电后揭盖，取出蒸盘，去除保鲜膜，趁热淋上蒸鱼豉油，撒上葱花即可。

酱烧面筋

9分钟 增强免疫力

原料： 油面筋150克，蒜末、葱花各少许

调料： 生抽4毫升，豆瓣酱20克，白糖、鸡粉各2克，食用油适量

做法

1 用油起锅，放入蒜末，爆香。

2 倒入豆瓣酱，炒匀，加入适量水，放生抽，倒入油面筋。

3 盖上盖，烧开后用中火焖约6分钟。

4 揭盖，放入白糖、鸡粉，拌匀调味，将菜肴盛出装盘，撒上葱花即可。

豉汁蒸腐竹

22分钟 益智健脑

原料： 水发腐竹300克，豆豉20克，红椒30克，葱花、姜末、蒜末各少许

调料： 生抽5毫升，盐、鸡粉各少许，食用油适量

做法

1 洗净的红椒切开，去籽切条，再切粒；泡发好的腐竹切成长段，装盘待用。

2 热锅注油，爆香姜末、蒜末、豆豉，倒入红椒粒，放入生抽、鸡粉、盐，炒匀。

3 将炒好的材料浇在腐竹上，再将腐竹放入烧开的蒸锅中，盖盖，大火蒸20分钟至入味。

4 掀开锅盖，将腐竹取出，撒上葱花即可。

扫一扫看视频

3分钟

降低血糖

彩椒拌腐竹

原料：水发腐竹200克，彩椒70克，蒜末、葱花各少许

调料：盐3克，生抽、芝麻油各2毫升，鸡粉2克，辣椒油3毫升，食用油适量

烹饪小提示

干腐竹宜用凉水泡1小时左右，这样腐竹的口感比较有韧性，有嚼劲儿，并且耐炒耐炖。

做法

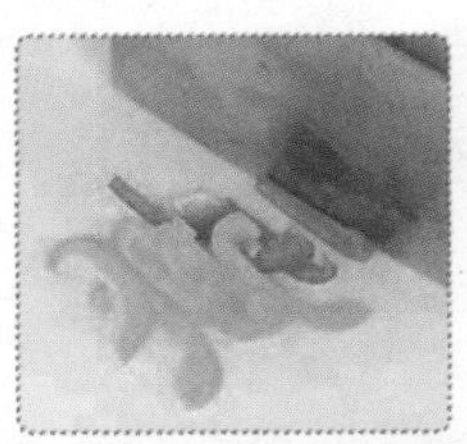

1 洗净的彩椒切成丝，备用。

2 锅中注入适量水烧开，加入少许食用油、1克盐。

3 倒入洗好的腐竹，搅匀，煮至沸，放入切好的彩椒，搅拌匀，煮约1分30秒，至食材熟透。

4 捞出焯好的腐竹和彩椒，放入干净的碗中，备用。

5 放入备好的蒜末、葱花，加入2克盐、生抽、鸡粉、芝麻油，用筷子搅拌匀。

6 淋入辣椒油，拌匀，至食材入味，盛出拌好的菜肴，装入盘中即可。

酱汁素鸡

8分钟　保肝护肾

原料： 素鸡200克，熟芝麻、生姜各5克，蒜末、葱花各少许

调料： 甜面酱5克，豆瓣酱10克，食用油适量

做法

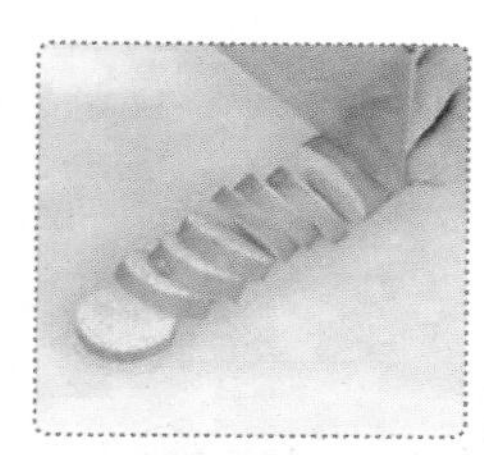

1 洗净的生姜切片，改切成丝，再切成末；洗好的素鸡切厚片，备用。

2 用油起锅，倒入素鸡，煎至两面呈金黄色，盛出煎好的素鸡，装盘备用。

3 锅底留油，倒入豆瓣酱，拌匀，放入甜面酱、姜末、蒜末，拌匀，倒水，拌匀。

4 加入素鸡，翻炒约2分钟，放入葱花，炒出香味，盛出装盘，撒上熟芝麻即可。

扫一扫看视频

腊八豆蒸豆干

12分钟　开胃消食

原料： 豆干200克，腊八豆20克，剁椒10克，蒜蓉5克，葱花2克

调料： 盐2克

做法

1 洗净的豆干切小段，装盘待用。

2 取空碗，倒入腊八豆，加入剁椒，倒入蒜蓉，放入盐，搅拌均匀成调料。

3 将调料均匀倒在切好的豆干上；备好已注水烧开的电蒸锅，放入食材。

4 加盖，调好时间旋钮，蒸10分钟至熟，取出蒸好的豆干，撒上葱花即可。

辣炒香干

2分钟 补钙

原料： 香干300克，青椒、红椒各35克，姜片、蒜末、葱段各少许

调料： 盐、鸡粉各2克，料酒5毫升，生抽、水淀粉各4毫升，豆瓣酱10克，辣椒酱7克，食用油适量

做法

1 香干洗好切薄片；青椒、红椒均洗净切开，去籽，改切小块。

2 锅中注油烧热，倒入香干搅散，炸约半分钟，至其呈微黄色，捞出。

3 锅留油，爆香姜片、葱段、蒜末，放入青椒、红椒，炒匀，倒入香干，淋入料酒、生抽。

4 放入豆瓣酱、盐、鸡粉、辣椒酱、水淀粉，炒入味，盛出，装盘即可。

家常拌香干

4分钟 开胃消食

原料： 香干200克，朝天椒10克，葱花少许

调料： 盐4克，味精、鸡粉、生抽、辣椒油、芝麻油各适量

做法

1 将洗净的香干切成条；洗净的朝天椒切成圈。

2 锅中注入适量水烧开，加入2克盐、鸡粉，倒入香干，煮约2分钟至熟，捞出。

3 将香干装入碗中，放入朝天椒圈，加2克盐、味精、生抽，再倒入辣椒油、芝麻油。

4 倒入葱花，用筷子拌匀调味，将拌好的香干盛出装盘即可。

扫一扫看视频

豌豆苗拌香干

3分钟　降低血压

原料：豌豆苗90克，香干 150克，彩椒40克，蒜末少许

调料：盐、鸡粉各3克，生抽4毫升，芝麻油2毫升，食用油适量

做法

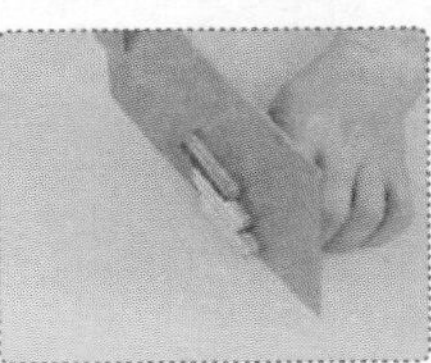

1 香干切成条；洗好的彩椒切成条，备用。

2 锅中注入适量水，大火烧开，倒入适量食用油，加入1克盐、1克鸡粉。

3 倒入香干、彩椒，煮半分钟，加入豌豆苗，拌匀，煮半分钟至断生，捞出。

4 将煮好的食材装入碗中，放入蒜末。

5 加入生抽、2克鸡粉、2克盐，淋入芝麻油，用筷子搅拌均匀，盛入盘中即可。

烹饪小提示

香干煮后不易入味，可以多拌一会儿。

口味香干

5分钟　开胃消食

扫一扫看视频

原料： 香干200克，花生80克，红椒20克，蒜末、葱花各少许

调料： 盐3克，豆瓣酱20克，生抽、辣椒油各10毫升，味精、料酒、水淀粉、食用油各适量

做法

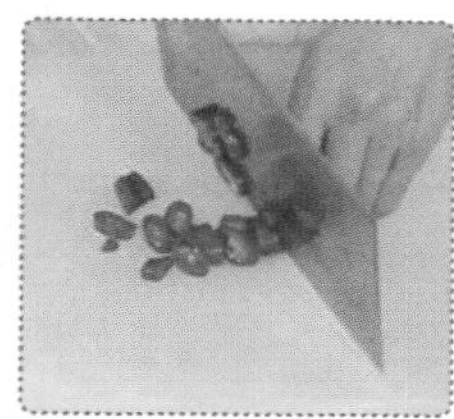

1 洗净的红椒切成圈；香干切成块，再切成片，待用。

2 热锅注油，放入花生，慢火炸约2分钟至熟，捞出；改小火，倒入香干炸约1分钟，捞出。

3 锅底留油，爆香蒜末，倒入香干，淋入料酒，加豆瓣酱、盐、味精、生抽，炒匀调味。

4 倒入水、辣椒油，煮至入味，放入红椒圈，加水淀粉，炒匀，装盘，放入花生，撒上葱花即可。

5分钟

提神健脑

豆腐干炒花生

原料：豆腐干150克，红椒15克，花生80克，蒜末、葱花各少许

调料：味椒盐、鸡粉各2克，料酒5毫升，芝麻油2毫升，食用油适量

烹饪小提示

花生炸好后一定要放凉后再入锅炒制，而且炒的时间不宜过长，否则不够香脆。

做法

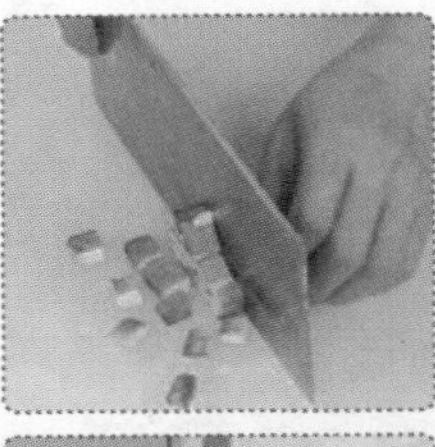

1 洗净的豆腐干切长条形，再切成豆腐丁；洗好的红椒切成圈，待用。

2 热锅注油，烧至三成热，倒入花生，用小火炸约2分钟至花生红衣裂开，捞出。

3 倒入豆腐丁，炸约半分钟至干透，捞出豆腐丁，沥干油。

4 锅底留油，倒入蒜末、葱花，爆香，倒入炸好的豆腐干、红椒，拌炒均匀。

5 淋入料酒，提味，加入味椒盐、鸡粉，炒匀调味，撒上葱花，炒出香味。

6 倒入炸熟的花生，翻炒入味，淋入芝麻油炒匀，盛出烹饪好的菜肴，装盘即成。

芝麻双丝海带

3分钟 增强免疫力

原料： 水发海带85克，青椒45克，红椒25克，姜丝、葱丝、熟白芝麻各少许

调料： 盐、鸡粉各2克，生抽4毫升，陈醋7毫升，辣椒油6毫升，芝麻油5毫升

做法

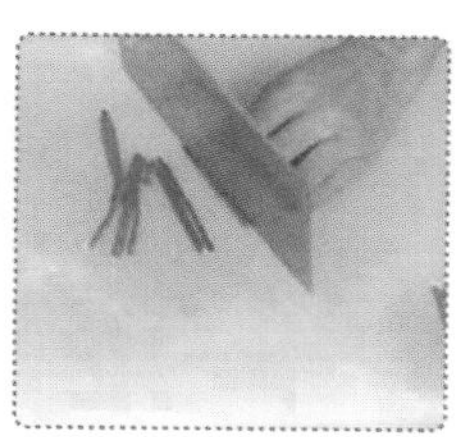

1 洗好的红椒、青椒均切开去籽，再改切细丝；洗好的海带切细丝，再切长段。

2 锅中注水烧开，倒入海带拌匀，煮至断生，放入青椒、红椒，略煮片刻，捞出，沥干水分。

3 取一个大碗，倒入焯过水的材料，放入姜丝、葱丝，拌匀。

4 加入盐、鸡粉、生抽、陈醋、辣椒油、芝麻油，拌匀，撒上熟白芝麻，拌匀，盛盘即可。

扫一扫看视频

酸辣魔芋结

5分钟　防癌抗癌

原料：魔芋结200克，黄瓜130克，油炸花生100克，去皮胡萝卜90克，熟白芝麻15克，香菜叶、葱花、蒜末各少许

调料：盐、白糖各2克，老干妈香辣酱50克，生抽、陈醋、芝麻油各5毫升

做法

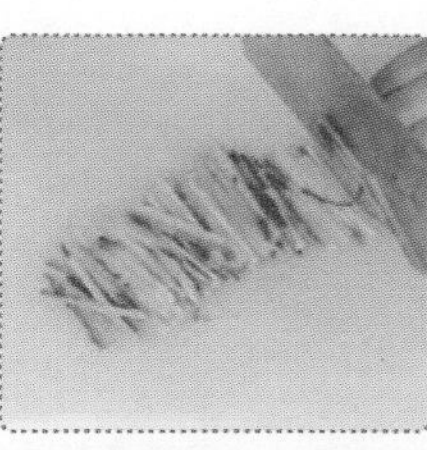

1 洗净的黄瓜切片，改切成丝；洗好的胡萝卜切片，改切成丝。

2 锅注水烧开，倒入魔芋结焯约2分钟，捞出；将黄瓜丝和胡萝卜丝整齐码在盘底，放上魔芋结。

3 取一碗，倒入蒜末、葱花、老干妈香辣酱、香菜叶，加入生抽、陈醋、芝麻油、盐、白糖。

4 放入油炸花生、熟白芝麻，用筷子搅拌均匀，最后倒在魔芋结上即可。

PART 04 唇齿留香的畜肉

湘菜大多采用本土食材，其制作精细、用料广泛、油重色浓、口味多变的特点在畜肉上体现得淋漓尽致。猪肉、牛肉、羊肉等畜肉都是家常食材，经过湘菜烹饪大师精湛的烹饪技艺，或拌，或炒，或蒸，或焖等，这些看似简单的食材，最终促成了“无肉不成席，无湘不成宴”的美好局面。本部分已经做好准备，精心为你奉上唇齿留香的畜肉。

扫一扫看视频

4分钟

美容养颜

湘煎口蘑

原料： 五花肉300克，口蘑180克，朝天椒25克，姜片、蒜末、葱段、香菜各少许

调料： 盐、鸡粉、黑胡椒粉各2克，水淀粉、料酒各10毫升，辣椒酱、豆瓣酱各15克，生抽5毫升，食用油适量

烹饪小提示

清洗口蘑时，可直接放在水龙头下冲洗一会儿，这样可以去除菌盖下的杂质。

做法

1 将洗净的口蘑切成片；洗好的朝天椒切成圈；洗净的五花肉切成片。

2 锅中注入适量水烧开，放入口蘑，拌匀，加入5毫升料酒，煮1分钟，捞出，沥干水分。

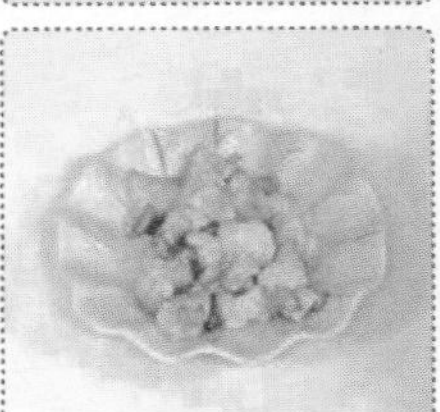

3 用油起锅，放入五花肉，翻炒匀，淋入5毫升料酒，炒香，将炒好的五花肉盛出。

4 锅底留油，倒入口蘑，煎出香味，放入蒜末、姜片、葱段，炒香，倒入五花肉，炒匀。

5 放入朝天椒、豆瓣酱、生抽、辣椒酱，炒匀，加入少许水，炒匀。

6 放入盐、鸡粉、黑胡椒粉，炒匀，倒入水淀粉勾芡，盛入盘中，撒入香菜即可。

肉末豆角

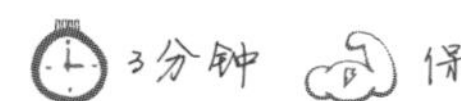

原料： 肉末120克，豆角230克，彩椒80克，姜片、蒜末、葱段各少许

调料： 食粉、盐、鸡粉各2克，蚝油5克，生抽、料酒、食用油各适量

做法

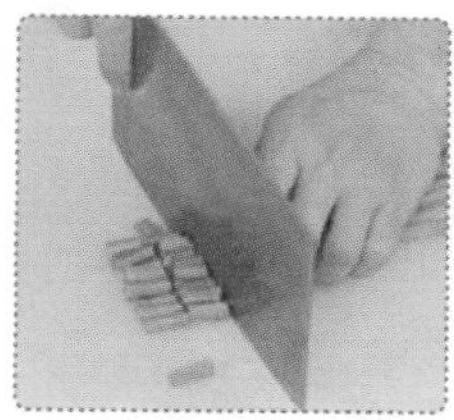

1 洗好的豆角切成段；洗净的彩椒切开，去籽，切成条，再切成丁，待用。

2 锅中注水烧开，放入食粉，倒入豆角，搅匀，煮1分30秒，至其断生，捞出，沥干水分。

3 起油锅，放入肉末，炒松散，淋入料酒、生抽，炒匀，放入姜片、蒜末、葱段，炒出香味。

4 倒入彩椒丁，放入焯过水的豆角，炒匀，加入盐、鸡粉、蚝油，翻炒入味，盛出装盘即可。

扫一扫看视频

酱炒黄瓜白豆干

3分钟　清热解毒

原料： 五花肉120克，黄瓜100克，白豆干80克，姜片、蒜末、葱段各少许

调料： 盐、鸡粉各2克，辣椒酱7克，生抽4毫升，料酒5毫升，水淀粉、花椒油、食用油各适量

做法

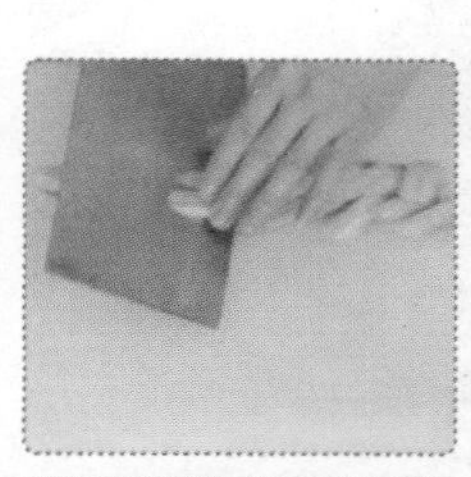

1 白豆干洗净，斜刀切片；黄瓜洗净去皮，切条形，去瓤，斜刀切片；五花肉洗净切薄片。

2 热锅注油，烧至三四成热，倒入切好的白豆干，炸约半分钟至其呈金黄色，捞出。

3 锅底留油，倒入肉片炒至变色，放入生抽、料酒，提味，倒入姜片、蒜末、葱段，炒香。

4 放入黄瓜片，炒至变软，放入白豆干，加入鸡粉、盐、辣椒酱、花椒油、水淀粉，炒入味即成。

臊子鱼鳞茄

3分钟 降低血脂

原料： 茄子120克，肉末45克，姜片、蒜末、葱花各少许

调料： 盐3克，鸡粉少许，白糖2克，豆瓣酱6克，剁椒酱10克，生抽4毫升，陈醋6毫升，生粉、水淀粉、食用油各适量

做法

1 茄子洗净切开，切鱼鳞花刀，撒上生粉，静置。
2 茄块入油锅，用中火炸至其呈金黄色，捞出。
3 起油锅，倒入肉末炒至变色，放入蒜末、姜片，炒香，加入豆瓣酱、剁椒酱，炒出辣味。
4 注水，淋上生抽，倒入茄块，调入鸡粉、盐、白糖，煮至变软，加入陈醋、水淀粉，炒入味，盛出点缀上葱花即成。

豆角烧茄子

3分钟 降低血压

原料： 豆角130克，茄子75克，肉末35克，红椒25克，蒜末、姜末、葱花各少许

调料： 盐、鸡粉各2克，白糖少许，料酒4毫升，水淀粉、食用油各适量

做法

1 洗净的豆角切长段；洗好的茄子切厚片，改切成长条；洗净的红椒切条，再切碎末。
2 热锅注油，倒入茄条炸至变软，捞出；油锅中再倒入豆角，炸至其呈深绿色，捞出。
3 起油锅，倒入肉末炒至变色，撒上姜末、蒜末，快速翻炒出香味，倒入红椒末，炒匀。
4 倒入炸过的食材，炒匀，加入盐、白糖、鸡粉、料酒、水淀粉炒匀，盛出，撒上葱花即成。

铁板水晶粉

6分钟 促进食欲

原料： 肉末150克，水晶粉条300克，洋葱50克，胡萝卜55克，朝天椒15克，姜片、蒜末、葱段各少许

调料： 盐4克，鸡粉2克，老抽2毫升，豆瓣酱10克，生抽、料酒、水淀粉、芝麻油、食用油各适量

做法

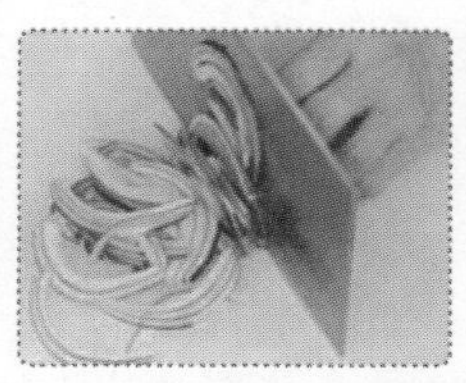

1 洗好的洋葱切丝；去皮洗净的胡萝卜切丝；洗好的朝天椒切圈；水晶粉条切段。

2 沸水锅中加少许食用油、胡萝卜丝，焯至七成熟，捞出；洋葱丝入油锅滑油捞出。

3 锅留油，加肉末、老抽、豆瓣酱、生抽，放入姜片、蒜末、葱段、料酒、朝天椒炒匀。

4 放入水、鸡粉、盐拌匀，放入水晶粉条、胡萝卜丝，放入水淀粉、芝麻油，炒匀。

5 将食用油淋入用锡纸包裹好的热铁板上，放入洋葱丝，倒入炒好的水晶粉条即可。

烹饪小提示

猪肉烹调前不能用热水清洗，否则就会流失很多营养，而且口味也欠佳。

青椒剔骨肉

2分钟　增强免疫力

原料： 熟猪脊骨400克，圆椒70克，红椒50克，姜片、花椒、蒜末、葱段各少许

调料： 盐、鸡粉各3克，料酒、生抽、番茄酱、食用油各适量

做法

1 洗好的红椒切成圈，待用；洗净的圆椒切条，再切小块；用刀剔取脊骨上的肉。

2 用油起锅，放入葱段、姜片、蒜末、花椒，爆香。

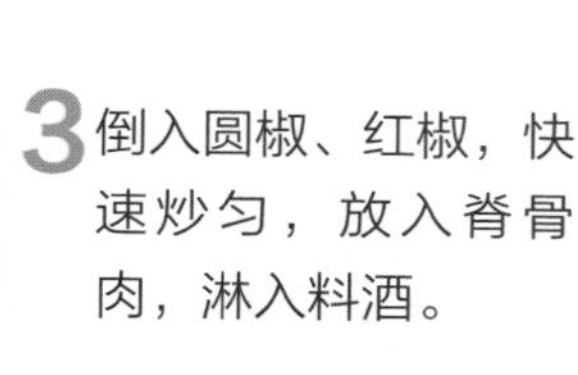

3 倒入圆椒、红椒，快速炒匀，放入脊骨肉，淋入料酒。

4 放入生抽、番茄酱，炒匀上色，加入盐、鸡粉，炒匀调味，盛出，装入盘中即可。

蒜苗小炒肉

3分钟　降低血脂

原料：五花肉200克，蒜苗60克，青椒、红椒各20克，姜片、蒜末、葱白各少许

调料：盐、味精各3克，水淀粉10毫升，料酒3毫升，老抽、豆瓣酱、食用油各适量

做法

1 蒜苗洗净切成段；青椒、红椒均洗净切开，去籽，切成片；五花肉洗净，切成片。

2 用油起锅，倒入五花肉炒出油，倒入姜片、蒜末、葱白，炒香。

3 淋入料酒，加老抽，炒匀上色，加豆瓣酱，炒匀，倒入青椒、红椒。

4 加入蒜苗，加盐、味精，炒匀调味，加入水淀粉勾芡，翻炒入味，盛出装盘即可。

青椒炒肉卷

5分钟　开胃消食

原料：青椒50克，红椒30克，肉卷100克，姜片、蒜末、葱白各少许

调料：盐、味精、鸡粉、豆瓣酱、水淀粉、料酒、食用油各适量

做法

1 将洗净的青椒切片；洗好的红椒切片；肉卷切片。

2 热锅注油，烧至四成热，放入肉卷，炸至金黄色捞出。

3 锅底留油，倒姜片、蒜末、葱白爆香，放入青椒、红椒，炒香。

4 放入肉卷，加入盐、味精、鸡粉、豆瓣酱、料酒炒入味，用水淀粉勾芡，炒匀，盛出即可。

油渣烧豆干

4分钟　清热解毒

原料： 猪肥肉120克，豆干60克，芹菜40克，胡萝卜30克，红椒15克，姜片、蒜末、葱段各少许

调料： 盐、鸡粉各2克，生抽、料酒各4毫升，豆瓣酱7克，水淀粉、食用油各适量

做法

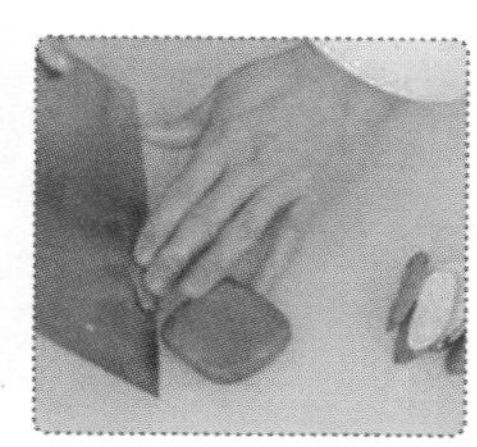

1 红椒洗净切开，去籽，切小块；芹菜洗净切段；豆干切片；胡萝卜洗净切菱形片；猪肥肉洗净切块。

2 锅中注水烧开，加入1克盐，倒入胡萝卜、豆干，拌匀，焯约半分钟，捞出。

3 起油锅，倒入肥肉，炒变色，盛出油，淋入生抽，炒匀，倒入姜片、蒜末、葱段，炒香。

4 倒入焯过水的食材，炒匀，调入豆瓣酱、料酒，放入红椒、芹菜，加鸡粉、1 克盐、水淀粉，炒入味即可。

扫一扫看视频

61分钟

增强免疫力

酸辣肉片

原料：猪瘦肉 270 克，水发花生 125 克，青椒 25 克，红椒 30 克，卤水、桂皮、丁香、八角、香叶、沙姜、草果、姜块、葱条各少许

调料：料酒6毫升，生抽12毫升，老抽5毫升，盐、鸡粉各3克，陈醋20毫升，芝麻油8毫升，食用油适量

烹饪小提示

热水锅中加入生抽、盐、鸡粉、料酒与瘦肉一起煮，能有效去除腥味，让肉变得更香嫩。

做法

1 砂锅中注水烧热，倒入姜块、葱条、桂皮、丁香、八角、香叶、沙姜、草果。

2 放入猪瘦肉，加入料酒、生抽、老抽，加入2克盐、2克鸡粉，烧开后用小火煮约40分钟至熟，捞出。

3 热锅注油烧至三成热，倒入沥干水分的花生，用小火浸炸约2分钟，捞出，沥干油，待用。

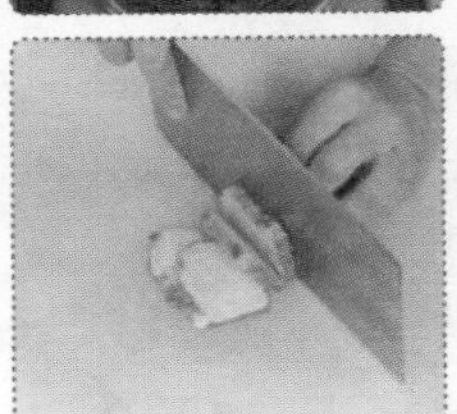

4 洗好的红椒切成圈；洗净的青椒切成圈；放凉的瘦肉切厚片，待用。

5 碗中放入陈醋、少许卤水、1克盐、1克鸡粉、芝麻油、红椒、青椒拌匀，腌渍约15分钟，制成味汁。

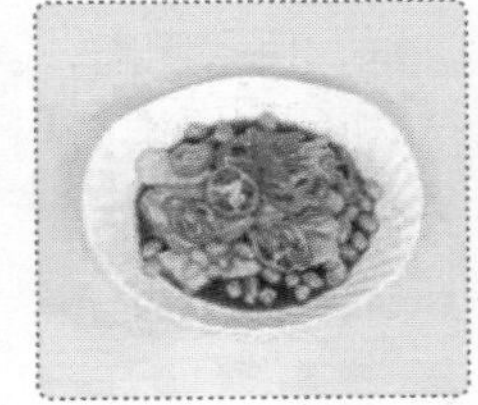

6 将肉片装入碗中，摆放好，加入炸熟的花生，淋上做好的味汁即可。

干豆角腐乳蒸肉

11分钟　美容养颜

扫一扫看视频

原料： 五花肉150克，水发干豆角70克，葱花3克

调料： 鸡粉3克，料酒5毫升，蒸肉米粉80克，腐乳15克，生抽10毫升

做法

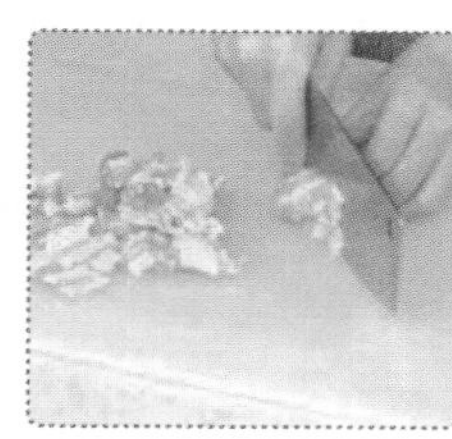

1 将洗净的干豆角切成段；洗好的五花肉切成片。

2 把肉片放碗中，加入料酒、生抽、鸡粉、腐乳、蒸肉米粉，拌匀，腌渍一会儿。

3 取一蒸盘，放入干豆角段，铺开，放入肉片，摆放整齐。

4 蒸盘放入烧开的电蒸锅中，蒸约8分钟至熟透，取出蒸盘，撒上葱花即可。

扫一扫看视频

肉末腐竹蒸粉丝

12分钟　开胃消食

原料： 水发腐竹80克，水发粉丝50克，瘦肉末70克，剁椒20克，蒜末8克，葱花、姜末各3克

调料： 盐2克，胡椒粉1克，料酒7毫升，生抽8毫升

做法

1 粉丝切段，装盘待用；腐竹切至3~4厘米长，放在粉丝上，待用。

2 瘦肉末装碗，倒入料酒，放入姜末，加入盐、胡椒粉，拌匀，铺在腐竹上，放上蒜末，铺上剁椒。

3 备好已烧开上气的电蒸锅，放入食材，加盖，调好时间旋钮，蒸10分钟至熟。

4 揭盖，取出蒸好的肉末腐竹粉丝，淋上生抽，撒上葱花即可。

莲藕粉蒸肉

22分钟　益气补血

原料： 五花肉300克，莲藕200克，葱花适量

调料： 蒸肉米粉、鸡粉、盐、食用油各适量

做法

1 莲藕去皮洗净，切片；五花肉洗净，切片。

2 肉片装入碗中，加蒸肉米粉裹匀，再加鸡粉、盐拌匀。

3 将莲藕片、肉片交错叠入盘内，做完后放入蒸锅，盖上锅盖，中火蒸20分钟至熟透。

4 揭盖，取出蒸熟的肉片、藕片，撒入葱花，淋入熟油即成。

香芋粉蒸肉

27分钟　清热解毒

原料： 香芋230克，五花肉380克，干辣椒段10克，葱花、蒜泥各少许

调料： 料酒4毫升，蒸肉米粉90克，生抽5毫升，盐、鸡粉各2克

做法

1 洗净去皮的香芋对半切开，切成片；处理好的五花肉切成片，摆入碗中。

2 在五花肉碗内加入料酒、生抽、盐、鸡粉，倒入备好的蒜泥，搅拌匀。

3 倒入备好的蒸肉米粉，拌匀，放入干辣椒段，拌匀；取一个盘子，平铺上香芋片，倒入五花肉。

4 蒸锅注水烧开，放入食材，盖盖，大火蒸25分钟至熟透，取出，撒上备好的葱花即可。

扫一扫看视频

芋头扣肉

84分钟　开胃消食

原料： 五花肉550克，芋头200克，八角、草果、桂皮、葱段、姜片各少许

调料： 盐3克，鸡粉少许，蚝油7克，蜂蜜10克，生抽4毫升，料酒8毫升，老抽20毫升，水淀粉、食用油各适量

做法

1 锅注水烧热，放入五花肉、4毫升料酒，煮至熟，捞出，加10毫升老抽、蜂蜜腌渍。

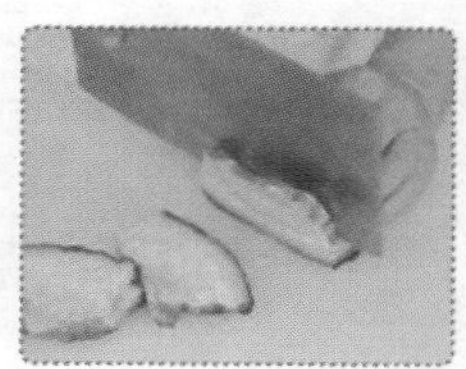

2 芋头洗净切片；五花肉滑油捞出；芋头入油锅炸至断生；取放凉的五花肉，切片。

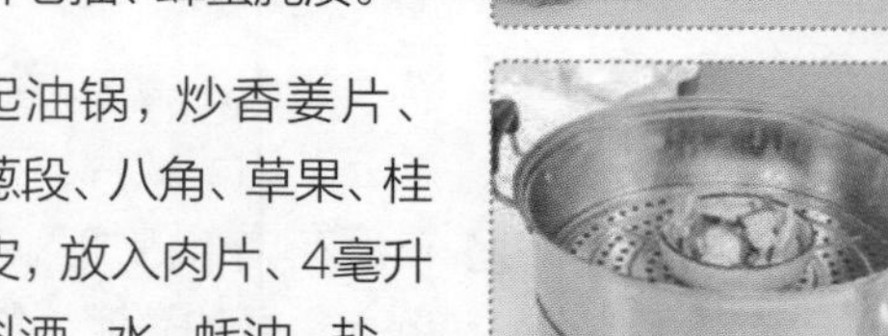

3 起油锅，炒香姜片、葱段、八角、草果、桂皮，放入肉片、4毫升料酒、水、蚝油、盐。

4 加鸡粉、生抽、5毫升老抽煮入味，盛出；肉片和芋头装碗，浇上肉汤汁，入锅蒸熟。

5 蒸碗扣盘，沥出汁水；汁水入锅加热，加5毫升老抽、水淀粉制成稠汁，浇盘即可。

烹饪小提示

蒸肉的时间可稍微长一些，扣肉口感更佳。此外，若不喜欢蜂蜜可用白糖代替。

湖南夫子肉

185分钟　清热解毒

原料： 香芋400克，五花肉350克，蒜末、葱花各少许

调料： 盐、鸡粉各3克，蒸肉米粉80克，食用油适量

做法

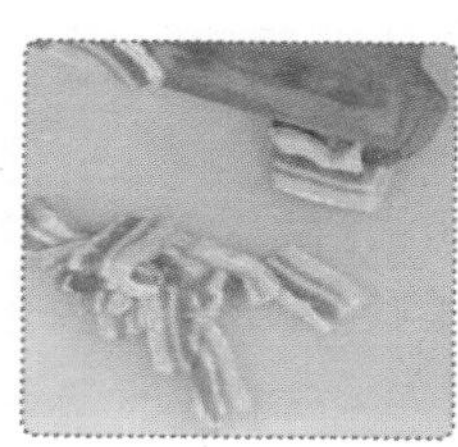

1 洗净的香芋切成片；洗好的五花肉切成片；香芋入油锅炸香，捞出。

2 锅留底油，放入五花肉，炒至变色，放入蒜末，炒香，倒入香芋，放入部分蒸肉米粉，翻炒均匀。

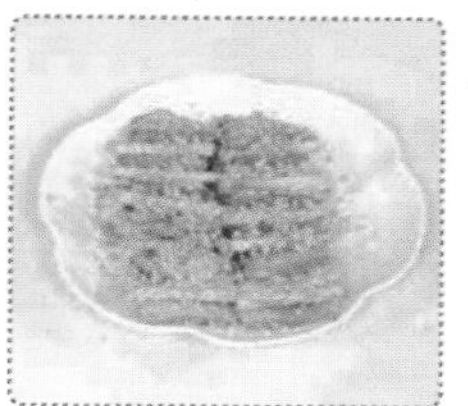

3 加入盐、鸡粉，倒入剩余的蒸肉米粉，炒匀，盛出炒好的食材，装入盘中。

4 将食材放入蒸锅中，盖上盖，用小火蒸3小时，揭盖，取出，撒上葱花，淋上热油即可。

梅干菜卤肉

53分钟　开胃消食

原料： 五花肉250克，梅干菜150克，八角2个，桂皮10克，姜片、香菜各少许

调料： 盐、鸡粉各1克，卤汁15毫升，生抽、老抽各5毫升，冰糖适量，食用油适量

做法

1 洗好的五花肉对半切开，切块；梅干菜切段。

2 五花肉汆水捞出；起油锅，倒入冰糖拌至成焦糖色，注水，放入八角、桂皮。

3 加入姜片、五花肉、老抽、卤汁、生抽、盐，拌匀，大火煮开后转小火卤30分钟至五花肉熟软。

4 倒入梅干菜，拌匀，注水，续卤20分钟至入味，加入鸡粉拌匀，盛出加香菜点缀即可。

土豆回锅肉

5分钟　美容美颜

原料： 五花肉500克，土豆200克，蒜苗50克，朝天椒20克

调料： 高汤、盐、味精、糖色、豆瓣酱、白糖、蚝油、料酒、辣椒油、水淀粉、食用油各适量

做法

1 土豆去皮，洗净切片；朝天椒洗净切圈；蒜苗洗净切段。

2 锅中倒水，放入五花肉、少许料酒，汆至断生捞出，切片，装碗加糖色拌匀。

3 起油锅，倒入五花肉炒出油，加豆瓣酱、料酒炒匀，倒入朝天椒、土豆片，炒匀。

4 倒入高汤，煮至熟，调入盐、味精、白糖、蚝油，倒入蒜苗梗炒熟，加入水淀粉、辣椒油、蒜苗叶炒匀，即成。

干锅五花肉娃娃菜

8分钟　增强免疫力

扫一扫看视频

原料： 娃娃菜250克，五花肉280克，洋葱80克，蒜头30克，干辣椒20克，葱花、姜片各少许

调料： 料酒、生抽各5毫升，豆瓣酱40克，盐、鸡粉各2克，食用油适量

做法

1 洗净的洋葱切成丝；洗好的娃娃菜切成小段；洗净的五花肉切成片。

2 锅中注水烧开，倒入娃娃菜，焯片刻，捞出；取一干锅，放入洋葱丝。

3 起油锅，倒入五花肉片，炒匀，放入蒜头、姜片，爆香，加入干辣椒、豆瓣酱，炒匀。

4 加入料酒、生抽，倒入娃娃菜，炒匀，加盐、鸡粉，煮至熟，盛入干锅，撒上葱花，加热即可。

干豆角烧肉

25分钟　保肝护肾

原料：五花肉250克，水发豆角120克，八角、桂皮各3克，干辣椒2克，姜片、蒜末、葱段各适量

调料：盐、鸡粉各2克，白糖4克，老抽2毫升，黄豆酱10克，料酒10毫升，水淀粉4毫升，食用油适量

做法

1 将洗净泡发的豆角切成小段；洗好的五花肉切成丁。

2 豆角焯水捞出；五花肉入油锅炒出油，加白糖，爆香八角、桂皮、干辣椒、姜片、葱段、蒜末。

3 放入老抽、料酒、黄豆酱，炒匀，倒入豆角，加水煮沸，加入盐、鸡粉，翻炒入味。

4 烧开后转小火焖约20分钟至熟软，倒入水淀粉，翻炒入味，盛出装盘即可。

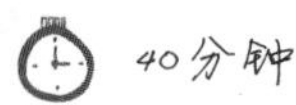

40分钟

增强免疫力

外婆红烧肉

原料： 五花肉200克，去壳熟鸡蛋110克，姜片、葱段、八角各少许

调料： 盐3克，白糖30克，生抽、料酒各5毫升，老抽3毫升

烹饪小提示

五花肉提前入凉水中充分浸泡，泡出其中的血水，沥干水分，切块后再烹饪，口感较醇正。

做法

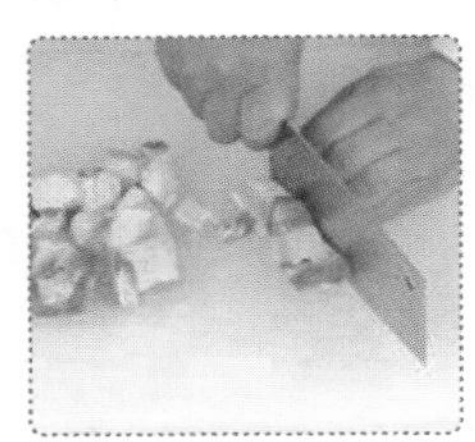

1 洗净的五花肉切成一厘米见方的块。

2 沸水锅中倒入切好的五花肉，汆约2分钟至去除腥味和脏污，捞出。

3 锅中注入少许水烧沸，倒入白糖，搅拌2分钟至白糖化成焦糖汁。

4 再注入适量水，倒入汆好的五花肉，搅匀，放入姜片、葱段、八角。

5 加入生抽、老抽、料酒、盐，大火煮开后转小火焖30分钟至五花肉微软。

6 放入鸡蛋，稍稍搅匀，续焖5分钟至食材熟软入味，关火后盛出装碗即可。

红烧肉卤蛋

33分钟　增强免疫力

原料： 五花肉500克，鸡蛋2个，八角、桂皮、姜片、葱段各少许

调料： 盐3克，鸡粉、白糖各少许，老抽2毫升，料酒3毫升，生抽4毫升，食用油适量

做法

1 锅中注水烧开，放入洗净的五花肉，汆一会儿，捞出，放凉后切块。

2 另起锅注水烧开，放入鸡蛋，烧开后用中火煮至熟，置于凉开水中，去壳。

3 起油锅，放入八角、桂皮、姜片、葱白、肉块，炒香，淋入料酒、生抽、老抽，炒匀，注水煮沸。

4 放入鸡蛋，加入盐、白糖，转小火焖约30分钟至入味，加入鸡粉，撒上葱叶，炒香，盛出即可。

茶树菇炒五花肉

2分钟　清热解毒

原料： 茶树菇90克，五花肉200克，红椒40克，姜片、蒜末、葱段各少许

调料： 盐、鸡粉各2克，生抽、水淀粉各5毫升，料酒10毫升，豆瓣酱15克，食用油适量

做法

1 红椒洗净切开，去籽，切小块；茶树菇洗净去根，切段；五花肉洗净切片。

2 锅中注水烧开，放入少许盐、鸡粉、食用油，倒入茶树菇，煮1分钟，捞出。

3 起油锅，放入五花肉，炒匀，加入生抽、豆瓣酱，炒匀，放入姜片、蒜末、葱段炒香，淋入料酒，炒匀。

4 放入茶树菇、红椒，炒匀，调入盐、鸡粉、水淀粉，炒匀，盛出即可。

黑蒜红烧肉

33分钟　益智健脑

原料： 黑蒜80克，熟猪肉600克，去皮土豆200克，去皮胡萝卜150克，桂皮2片，八角1个，姜片、葱段各适量

调料： 盐、白糖各2克，鸡粉3克，料酒、生抽、老抽各5毫升，水淀粉、食用油各适量

做法

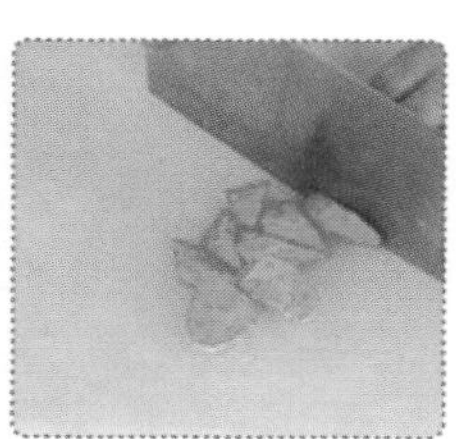

1 洗净的土豆切滚刀块；洗好的胡萝卜切滚刀块；熟猪肉切成块，待用。

2 起油锅，爆香八角、桂皮、姜片，放入土豆块、胡萝卜块、猪肉块，炒匀。

3 加入料酒、生抽、老抽，拌匀，注水，加入盐、白糖，拌匀，大火煮开转小火煮30分钟至熟透。

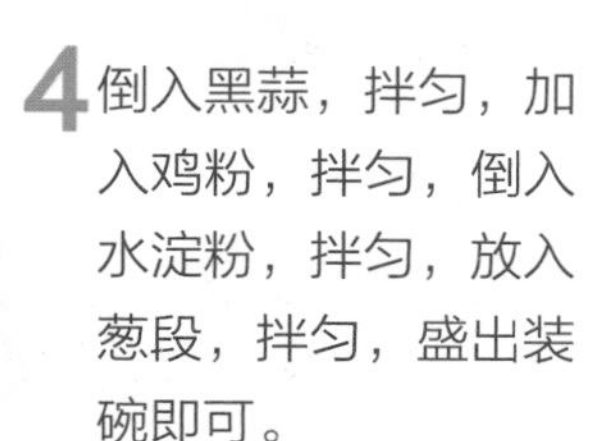

4 倒入黑蒜，拌匀，加入鸡粉，拌匀，倒入水淀粉，拌匀，放入葱段，拌匀，盛出装碗即可。

扫一扫看视频

腊鱼烧五花肉

8分钟　增强免疫力

原料： 腊鱼块200克，五花肉300克，豆角、青椒各30克，红椒20克，八角、干辣椒各2个，桂皮1片，花椒10克，姜片、葱段、蒜末各少许

调料： 白糖2克，鸡粉3克，辣椒酱10克，料酒、生抽、食用油各适量

做法

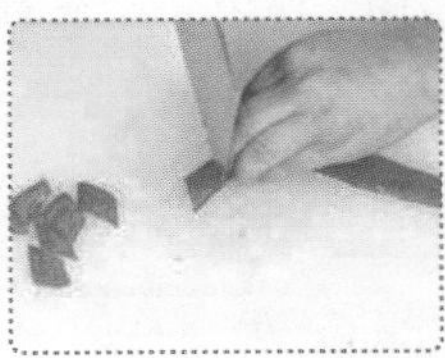

1 红椒、青椒均洗净去柄，切开去籽，切块；豆角洗净切小段；处理好的五花肉切片。

2 锅中注水烧开，倒入腊鱼块，汆片刻，捞出，沥干水分，装入盘中待用。

3 起油锅，倒入五花肉、八角、桂皮、花椒炒匀，加入姜片、蒜末、干辣椒炒香。

4 淋入料酒、生抽，炒匀，倒入腊鱼块、水、豆角，中火焖5分钟至熟，加辣椒酱。

5 倒入青椒、红椒、白糖、鸡粉、葱段，炒匀，拣出八角、桂皮、花椒，盛出即可。

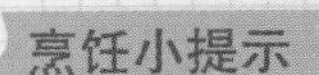

烹饪小提示

腊鱼汆水时加入姜片，可以有效去除腥味，煮至刚变软时捞出再烹饪口感最佳。

五花肉酿尖椒

31分钟　增强免疫力

原料： 青椒3个，猪肉末100克，胡萝卜碎60克

调料： 陈醋、生抽各2毫升，盐2克，食用油、白糖各适量，生粉5克

做法

1 取碗，放入猪肉末、胡萝卜碎，加入陈醋、生抽、盐、食用油、白糖、生粉，用筷子搅拌均匀。

2 取处理好的青椒，放入拌好的材料。

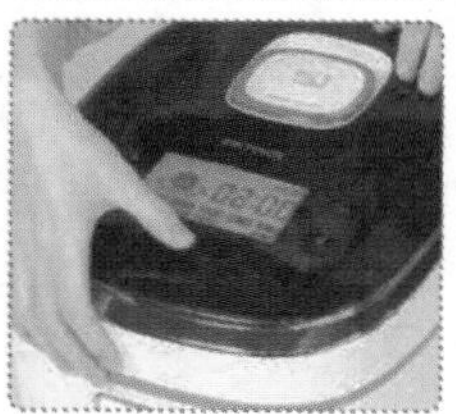

3 取电饭锅，注入适量清水，放上蒸笼，放入青椒，盖上盖，按“功能”键，选择“蒸煮”功能。

4 时间设为30分钟，开始蒸，30分钟后按“取消”键断电，开盖，取出蒸好的菜肴即可。

荷香蒸腊肉

21分钟　开胃消食

原料： 腊肉150克，荷叶半张，红椒丁10克，姜末8克，葱花5克

做法

1 将备好的腊肉切成片，待用。

2 腊肉片入沸水锅中汆一会儿至去除多余盐分，捞出。

3 将洗净的荷叶摊开放在盘中，中间放入汆好的腊肉，放上姜末、红椒丁、葱花，包紧实。

4 放入烧开上气的电蒸锅中，加盖，蒸20分钟至熟，取出食材，食用时揭开荷叶即可。

湘西蒸腊肉

42分钟　促进食欲

原料： 腊肉300克，朝天椒、花椒、香菜各少许

调料： 料酒10毫升，食用油适量

做法

1 锅中注水烧开，放入腊肉，盖上盖，用小火煮10分钟，去除多余盐分，捞出。

2 洗净的朝天椒切圈；洗好的香菜切末；腊肉切成片，装入盘中。

3 起油锅，放入花椒、朝天椒，炒香，即成香油，盛出，浇在腊肉片上。

4 蒸锅上火烧开，放入腊肉，淋上料酒，用小火蒸 30 分钟至腊肉酥软，取出撒上香菜末即可。

小芋头炒腊肉

9分钟　益胃健脾

原料： 腊肉250克，去皮小芋头300克，红椒40克，西芹50克，蒜末、姜末、葱段各少许

调料： 盐、鸡粉、白糖各1克，豆瓣酱25克，生抽5毫升，料酒10毫升，食用油适量

做法

1 西芹洗净斜刀切段；红椒洗净去柄，切开去籽，斜刀切块；腊肉切片；芋头洗净切厚片。

2 沸水锅中倒入腊肉，汆去多余油脂及盐分，捞出；芋头入油锅炸至两面微黄，捞出。

3 起油锅，炒香姜末、蒜末、豆瓣酱，倒入腊肉、西芹、红椒，炒至断生，倒入芋头，炒匀。

4 加入生抽、料酒、水，炒至芋头熟软，调入盐、鸡粉、白糖，倒入葱段，炒匀，盛出即可。

扫一扫看视频

湘西腊肉炒蕨菜

7分钟　增强免疫力

原料： 腊肉200克，蕨菜240克，干辣椒、八角、桂皮各适量，姜末、蒜末各少许

调料： 盐、鸡粉各2克，生抽4毫升，食用油适量

做法

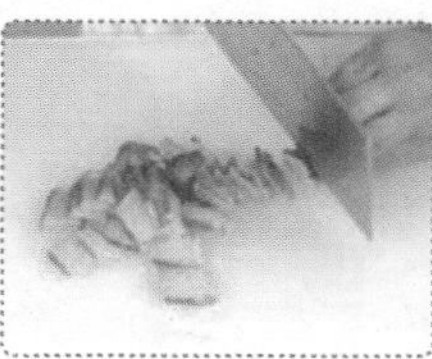

1 将腊肉切成片；洗净的蕨菜切成段。

2 锅中注入适量水烧开，放入腊肉，汆去多余盐分，把腊肉捞出，沥干水分。

3 用油起锅，放入八角、桂皮，炒香，放入干辣椒、姜末、蒜末，炒匀。

4 倒入腊肉，炒香，放生抽，炒匀，加入蕨菜，炒匀，加入适量清水，放入盐。

5 盖上盖子，中火焖5分钟，揭盖，放入鸡粉，炒匀，将菜肴盛出装盘即可。

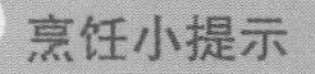

烹饪小提示

炒制后再加盖焖，让腊肉和蕨菜的味道相互渗透，可以使菜味更加鲜美。

干锅腊肉茶树菇

6分钟　防癌抗癌

扫一扫看视频

原料： 茶树菇200克，腊肉240克，洋葱50克，红椒40克，芹菜35克，干辣椒、花椒、香菜各少许

调料： 豆瓣酱20克，鸡粉、白糖各2克，生抽3毫升，料酒4毫升，食用油适量

做法

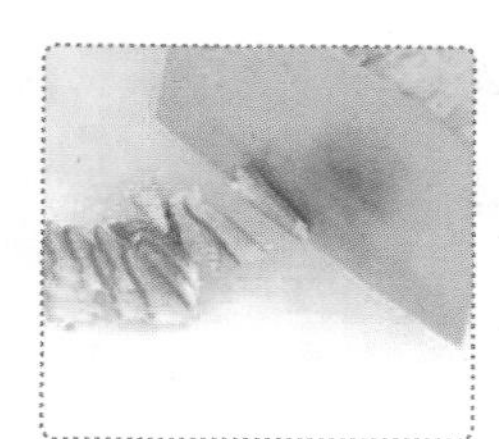

1 将洗净的洋葱切成丝；芹菜切段；红椒切圈；茶树菇切段；腊肉取瘦肉部分，切成片。

2 锅中注水烧开，放入腊肉，汆去多余盐分，捞出；将茶树菇倒入沸水锅中，焯至断生，捞出。

3 起油锅，炒香花椒、豆瓣酱，加干辣椒、腊肉、茶树菇，略炒，放入红椒圈、芹菜，炒至熟软。

4 放入生抽、料酒、白糖、鸡粉，炒匀，加洋葱，炒匀，将菜肴盛入干锅，放上香菜即可。

韭菜花炒腊肉

3分钟 保肝护肾

原料： 熟腊肉200克，韭菜花300克，朝天椒30克，大蒜10克

调料： 盐、味精、料酒、食用油各适量

做法

1 腊肉汆熟，切片；韭菜花洗净切段；大蒜切末；朝天椒切碎。

2 用油起锅，倒入腊肉，翻炒至出油。

3 加入朝天椒、蒜末，炒至香味散出，倒入韭菜花。

4 加入适量盐、味精，翻炒至熟，淋入适量料酒，拌炒匀，出锅装盘即成。

香干蒸腊肉

25分钟 益智健脑

原料： 去皮白萝卜、香干各200克，腊肉250克，豆豉10克，葱花少许

调料： 盐2克，白糖5克，生抽、料酒各5毫升，白胡椒粉4克，水淀粉、食用油各适量

做法

1 白萝卜洗净切丝；腊肉切片；香干洗净切长块，取一块香干放上腊肉，再放一块香干，装碗放上萝卜丝。

2 取一碗，加生抽、料酒、盐、水、食用油、白胡椒粉拌匀，浇在白萝卜丝上。

3 蒸锅中注水烧开，放上菜肴，中火蒸20分钟至熟透，取出，将汁液倒入碗中。

4 香干、腊肉倒扣盘中；起油锅，加豆豉、汁液、水淀粉、白糖拌至入味，浇在香干和腊肉上，撒上葱花即可。

攸县香干炒腊肉

3分钟　降压降糖

扫一扫看视频

原料： 攸县香干350克，腊肉200克，红椒15克，姜片、蒜末、葱白各少许

调料： 盐2克，鸡粉、生抽、豆瓣酱、料酒、水淀粉、食用油各适量

做法

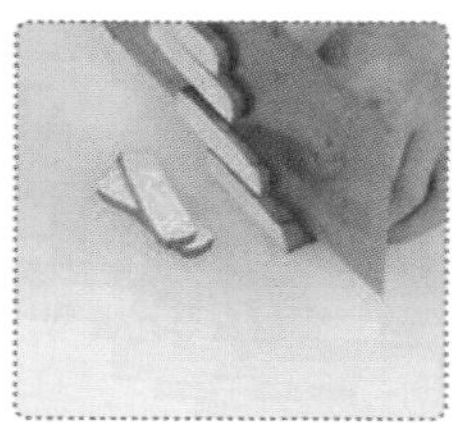

1 将香干切成片；洗净的腊肉切成片；洗净的红椒对半切开，去籽，改切成片。

2 锅中加水烧开，倒入腊肉煮1分钟，去除部分盐分，捞出；香干入油锅滑油片刻后捞出。

3 锅留底油，爆香姜片、蒜末、葱白，倒入红椒、腊肉炒匀，淋入料酒，拌炒匀，倒入香干。

4 加入盐、鸡粉、生抽、豆瓣酱炒匀，倒水，拌炒一会儿，淋入水淀粉，炒入味，盛出即可。

扫一扫看视频

干锅腊肉

5分钟 开胃消食

原料： 腊肉350克，去皮莴笋、蒜薹各200克，朝天椒10克，干辣椒段5克，姜丝、葱段各适量

调料： 鸡粉、白糖各1克，生抽、料酒、辣椒油各5毫升，食用油适量

做法

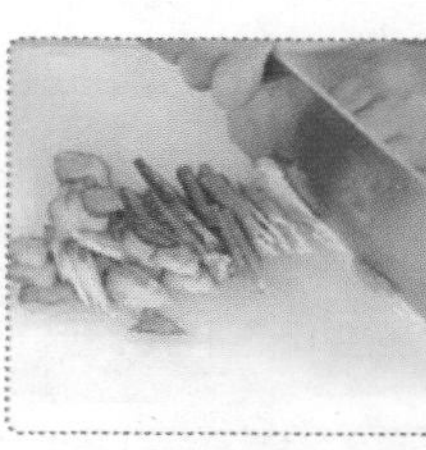

1 洗好的蒜薹切段；洗净的莴笋切段；腊肉切厚片，汆水捞出，装盘待用。

2 另起锅注油，倒入腊肉炒至油分析出，盛出；锅底留油，倒入姜丝、干辣椒段、朝天椒段。

3 放入蒜薹、莴笋，炒匀，倒入腊肉，炒至熟软，加入生抽、料酒，炒匀。

4 加入鸡粉、白糖、水、辣椒油，炒入味；干锅中放上葱段，盛入菜肴，加热即可。

红菜薹炒腊肉

2分钟 开胃消食

原料： 红菜薹400克，腊肉200克，蒜末、葱段各20克，姜片少许

调料： 盐、味精各2克，料酒10毫升，水淀粉、食用油各适量

做法

1 把洗净的红菜薹的菜梗切开，再将红菜薹切成段；将洗净的腊肉切成片。

2 锅中注水，放入切好的腊肉，煮开，捞出沥干，备用。

3 热锅注油，爆香蒜末、葱段、姜片，放入腊肉炒匀，倒入红菜薹炒匀。

4 淋入料酒炒香，调入盐、味精，注水，炒至红菜薹熟透，倒入水淀粉炒匀，出锅即成。

萝卜干炒腊肉

3分钟 开胃消食

原料： 萝卜干150克，腊肉200克，干辣椒、姜片、蒜末、葱白各少许

调料： 盐2克，味精3克，辣椒酱、食用油、料酒各适量

做法

1 洗净的萝卜干切成2厘米长段；洗净的腊肉切成片。

2 锅中加水烧开，倒入萝卜干，加食用油拌匀，煮沸后捞出，倒入腊肉，搅散，捞出。

3 起油锅，爆香干辣椒、姜片、蒜末、葱白，倒入腊肉炒匀，淋入适量料酒。

4 倒入萝卜干翻炒约1分钟至熟，加盐、味精、辣椒酱，炒匀入味，盛出即可。

鱼干蒸腊肉

32分钟　促进食欲

原料： 小鱼干170克，腊肉260克，姜丝、葱花各少许

调料： 白糖2克，生抽、料酒各3毫升，胡椒粉少许，食用油适量

做法

1 腊肉去皮切片，装盘摆好，放上小鱼干码好，再放上姜丝。

2 取一碗，放入生抽、料酒、白糖 、胡椒粉、食用油，拌成酱汁。

3 把酱汁浇在盘中的鱼干和腊肉上，把鱼干、腊肉放入烧开的蒸锅里。

4 加盖大火蒸30分钟，揭盖，将蒸好的鱼干腊肉取出，撒上葱花即可。

铁板腊味粉丝

4分钟　增强免疫力

原料： 腊肠100克，圆椒、红椒各20克，水发粉丝300克，葱花、蒜末、姜片各少许

调料： 盐2克，鸡粉3克，水淀粉4毫升，生抽、料酒、食用油各适量

做法

1 洗净的圆椒、红椒均切开，去籽，再切小块；腊肠切成片。

2 锅中注水烧开，倒入腊肠，略煮一会儿，捞出，装盘备用。

3 起油锅，爆香姜片、蒜末，倒入腊肠、圆椒、红椒，炒匀，注水，加盐、鸡粉、生抽、水淀粉，炒匀，装盘。

4 铁板烧热，放在木板上，倒油，放入粉丝、炒好的菜肴，淋入料酒，撒上葱花，用余温加热即可。

尖椒炒腊肉

2分钟　开胃消食

扫一扫看视频

原料： 青椒、红椒各200克，熟腊肉160克，蒜末少许

调料： 盐1克，味精、水淀粉、食用油各适量

做法

1 熟腊肉切成薄片；洗净的青椒、红椒均切成片。

2 炒锅注油烧至三成热，倒入切好的腊肉炒匀，倒入蒜末，炒出香味。

3 再放入青椒、红椒，用大火炒至熟，转小火，加入盐、味精，炒匀调味。

4 转中火翻炒至入味，用水淀粉勾芡，炒匀出锅，装入备好的盘中即可。

扫一扫看视频

腐乳花生蒸排骨

46分钟　增强免疫力

原料： 排骨段250克，花生80克，红椒丁15克，葱花、姜末各5克

调料： 柱侯酱5克，生粉8克，腐乳汁、生抽各10毫升，食用油适量

做法

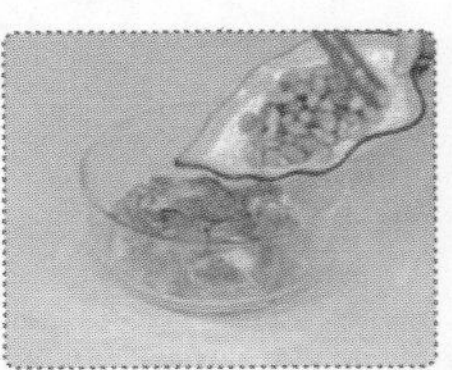

1 将洗净的排骨段装入碗中，倒入花生，加入红椒丁。

2 倒入生抽，加入腐乳汁，倒入柱侯酱，放入姜末，拌匀，腌渍15分钟至入味。

3 倒入生粉，搅拌均匀，加入适量食用油，拌匀，将拌匀的排骨段装盘。

4 已烧开的电蒸锅内放入排骨段，加盖，调好时间旋钮，蒸30分钟至熟软。

5 揭开盖，取出蒸好的排骨段，再撒上葱花即可。

烹饪小提示

腐乳汁和柱侯酱都带有一定的咸味，所以生抽可少放点。

豉汁蒸排骨

27分钟　开胃消食

扫一扫看视频

原料： 排骨500克，豆豉20克，葱段、蒜末、姜末各少许

调料： 老抽、生抽、料酒、盐、白糖、味精、鸡精、生粉、柱侯酱、芝麻油、食用油各适量

做法

1 将斩好的排骨装入碗中，加入鸡精、料酒，放入少许的盐、白糖、味精，腌渍至入味。

2 锅中注油烧热，炒香姜末、蒜末、葱白、豆豉，加入老抽、生抽、水。

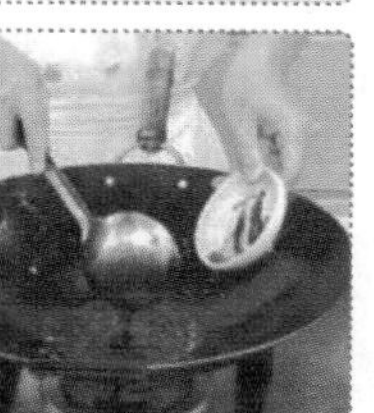

3 加入盐、白糖、味精、柱侯酱，拌炒入味，淋入少许芝麻油，拌匀，制成豉汁，盛出。

4 排骨加豉汁、生粉、芝麻油拌匀，摆盘入蒸锅，中火蒸约15分钟至熟，取出撒葱叶，浇上热油即成。

双椒排骨

12分钟 保肝护肾

原料： 排骨段300克，红椒40克，青椒30克，花椒、姜片、蒜末、葱段各少许

调料： 豆瓣酱7克，生抽5毫升，料酒10毫升，盐、鸡粉各2克，白糖3克，水淀粉、辣椒酱、食用油各适量

做法

1 洗净的青椒、红椒均切开，去籽，再切成小块，待用。

2 锅中注水烧开，倒入排骨段，搅匀，煮约半分钟，汆去血水，捞出。

3 起油锅，爆香姜片、蒜末、花椒、葱段，倒入排骨，炒匀，加料酒、豆瓣酱、生抽，炒匀。

4 注水，调入盐、鸡粉、白糖、辣椒酱，焖至熟，倒入青椒、红椒，倒入水淀粉，炒入味即可。

黄豆焖猪蹄

63分钟 清热解毒

原料： 猪蹄块400克，水发黄豆230克，八角、桂皮、香叶、姜片各少许

调料： 盐、鸡粉各2克，生抽6毫升，老抽3毫升，料酒、水淀粉、食用油各适量

做法

1 锅中注水烧开，倒入洗净的猪蹄块，加入料酒，汆去血水，捞出。

2 起油锅，爆香姜片，倒入猪蹄块、老抽，炒匀，放入八角、桂皮、香叶炒香。

3 注水至没过食材，中火焖约20分钟，倒入洗净的黄豆，加入盐、鸡粉、生抽。

4 小火煮约40分钟至熟透，拣出桂皮、八角、香叶、姜片，倒入水淀粉，大火收汁，盛出即可。

辣椒炒猪肘

2分钟 益气补血

原料： 卤猪肘250克，青椒、红椒各50克，蒜片少许

调料： 盐3克，水淀粉10毫升，味精、蚝油、葱油、食用油各适量

做法

1 将洗好的青椒、红椒切成片；卤猪肘切成片，待用。

2 起油锅，爆香蒜片，倒入猪肘，炒匀，倒入红椒片、青椒片，炒匀。

3 加入盐、味精、蚝油，炒匀调味，用水淀粉勾芡。

4 淋入葱油，拌炒匀，盛出装盘即可。

3分钟

益气补血

干锅肘片

原料： 熟猪肘250克，土豆100克，蒜苗、姜片、辣椒末各少许

调料： 盐3克，味精2克，蚝油、料酒、辣椒油、食用油各适量

烹饪小提示

土豆切好后，可放入清水中浸泡，以免氧化变黑，影响成品外观。

做法

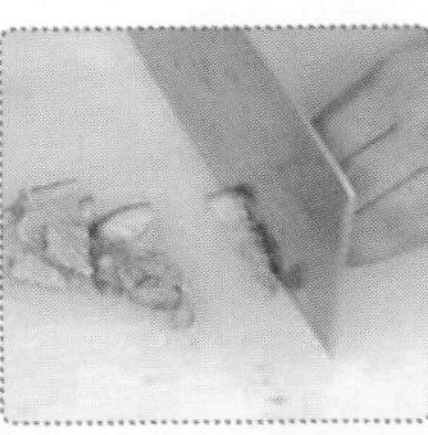

1 将熟猪肘切成片，待用；去皮洗净的土豆切成片，待用。

2 用油起锅，倒入姜片、辣椒末，爆香，倒入猪肘，拌炒匀。

3 倒入切好的土豆，加料酒，翻炒匀。

4 加入盐、味精、蚝油，炒匀调味，注入少许水，拌匀，煮至沸。

5 倒入备好的蒜苗梗，拌炒匀，淋入辣椒油，拌匀。

6 撒入备好的蒜苗叶，拌炒匀，将材料转至干锅中即成。

酸豆角炒猪耳

2分钟 开胃消食

原料： 卤猪耳200克，酸豆角150克，朝天椒10克，蒜末、葱段各少许

调料： 盐、鸡粉各2克，生抽3毫升，老抽2毫升，水淀粉10毫升，食用油适量

做法

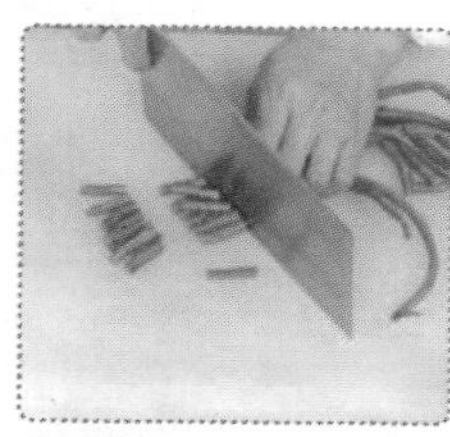

1 将酸豆角的两头切掉，再切长段；洗净的朝天椒切圈；把卤猪耳切片。

2 锅中注水烧开，倒入酸豆角，拌匀，煮1分钟，减轻其酸味，捞出。

3 起油锅，倒入猪耳炒匀，淋入生抽、老抽，炒香，撒上蒜末、葱段、朝天椒，炒出香辣味。

4 放入酸豆角，炒匀，加入盐、鸡粉，炒匀调味，倒入水淀粉勾芡，盛出即可。

扫一扫看视频

凉拌猪耳

2分钟　美容养颜

原料： 卤猪耳200克，蒜蓉20克，朝天椒末、葱末、香菜各少许

调料： 盐3克，鸡粉2克，花椒油、辣椒油、生抽、芝麻油各适量

做法

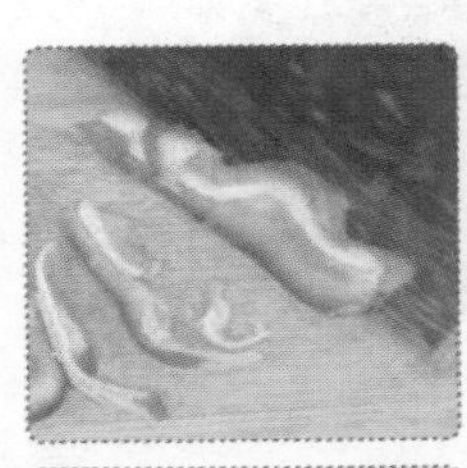

1 洗净的香菜切碎；将卤猪耳切成薄片，装入碗中。

2 猪耳中加入盐、鸡粉、生抽，放入蒜蓉、朝天椒末。

3 倒入葱末，加入适量花椒油、辣椒油，倒入切好的香菜，用筷子拌匀。

4 淋入适量芝麻油，拌匀，将拌好的猪耳夹出，装入盘中即成。

香干拌猪耳

4分钟 益气补血

原料： 香干300克，卤猪耳150克，香菜10克，红椒丝、蒜末各少许

调料： 盐3克，鸡粉2克，生抽、辣椒油、芝麻油、食用油各适量

做法

1 把洗净的香菜切成小段；洗净的香干切成两片，再切成条；卤猪耳切成薄片。

2 锅中注水烧开，加1克盐，倒入食用油，放入香干，煮约2分钟至熟，捞出。

3 取一大碗，放入香干，加 2 克盐、鸡粉、生抽，拌至入味，放入猪耳，倒入蒜末、香菜。

4 淋入辣椒油，撒上红椒丝，倒入芝麻油，拌约1分钟至入味，装盘摆好即成。

酱爆猪肝

4分钟 保肝护肾

原料： 猪肝500克，茭白250克，青椒、红椒各20克，蒜末、葱白、姜末各少许

调料： 盐2克，鸡粉1克，生抽3毫升，甜面酱20克，料酒、水淀粉各5毫升，老抽1毫升，芝麻油、食用油各适量

做法

1 猪肝浸水泡一小时；青椒、红椒均洗净切块；茭白洗净去皮，切菱形片；猪肝切薄片，加生抽、料酒、少许的盐和水淀粉腌渍。

2 起油锅，倒入猪肝炒至熟软，盛出；另起锅注油，倒入茭白炒至断生，盛出。

3 锅中续注油，爆香蒜末、姜末、甜面酱，放入猪肝、茭白、红椒、青椒，加盐、鸡粉、老抽。

4 加入水淀粉、芝麻油、葱白，炒匀入味即可。

扫一扫看视频

青椒炒肝丝

原料： 青椒80克，胡萝卜40克，猪肝100克，姜片、蒜末、葱段各少许

调料： 盐、鸡粉各3克，料酒5毫升，生抽2毫升，水淀粉、食用油各适量

做法

1 胡萝卜洗净去皮，切丝；青椒洗净切丝；猪肝洗净切丝，加少许盐、鸡粉、料酒、水淀粉、油腌渍。

2 锅中注水烧开，放入少许食用油、盐，倒入胡萝卜丝，煮至沸，加入青椒，煮1分钟，捞出。

3 起油锅，爆香姜片、蒜末、葱段，倒入猪肝，炒至转色，淋入料酒。

4 倒入胡萝卜、青椒，炒匀，放入盐、鸡粉、生抽，炒匀，倒入水淀粉，炒匀，盛出即可。

小炒肝尖

12分钟　益气补血

原料：猪肝220克，蒜薹120克，红椒20克

调料：盐3克，鸡粉2克，豆瓣酱7克，料酒8毫升，生粉、食用油各适量

做法

1 蒜薹洗净切长段；红椒洗净去籽，切小块；猪肝洗净切薄片，装碗加1克盐、1克鸡粉、4毫升料酒、生粉腌渍。

2 锅中注水烧开，加入食用油、1克盐，倒入蒜薹、红椒，拌匀，焯至断生，捞出。

3 起油锅，放入猪肝片炒至变色，加入4毫升料酒、豆瓣酱，炒香，倒入焯过水的食材，炒至熟透。

4 加入1克盐、1克鸡粉，大火翻炒入味，盛出炒好的菜肴，装入盘中即成。

尖椒猪血丸子

3分钟　防癌抗癌

原料：青椒60克，红椒20克，猪血丸子150克，生姜15克，葱10克，大蒜少许

调料：盐2克，豆瓣酱15克，料酒、味精、水淀粉、食用油各少许

做法

1 葱洗净切段；大蒜剁末；去皮洗好的生姜切片；青椒、红椒均洗净去籽，切小块；猪血丸子洗净切片。

2 沸水锅中加油、1克盐，倒入青椒、红椒焯至断生;猪血丸子入油锅滑油捞出。

3 锅留底油，炒香葱段、蒜末、姜片、豆瓣酱，倒入青椒、红椒、猪血丸子，拌炒均匀，淋入料酒，炒香。

4 加入1克盐、味精，炒匀调味，倒入水淀粉，炒匀，盛出即成。

扫一扫看视频

石锅大肠

3分钟　清热解毒

原料： 大肠300克，青椒片25克，蒜苗段30克，姜片、蒜末、干辣椒各少许

调料： 食用油30毫升，盐3克，料酒、辣椒酱、豆瓣酱、味精、白糖、辣椒油、水淀粉各适量

做法

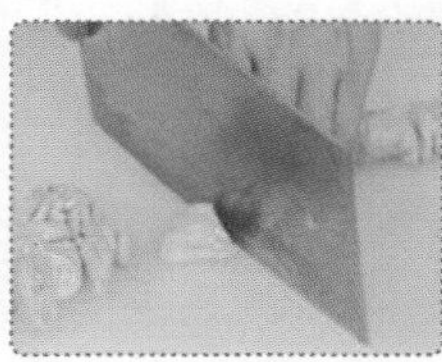

1 将洗净的大肠切成块，待用。

2 热锅注油烧热，炒香姜片、蒜末、干辣椒，倒入切好的大肠炒至熟。

3 淋入料酒炒香，加入辣椒酱、豆瓣酱、盐、味精、白糖，炒匀至入味。

4 倒入青椒片炒匀，加入辣椒油炒至入味，倒入蒜苗段，加入水淀粉勾芡。

5 将炒好的大肠盛入烧热的石锅里，加盖，大火煮沸，关火，将石锅端下即成。

烹饪小提示

辣椒油和辣椒酱不宜放得过多，以免太辣，掩盖大肠本身的味道。

腊肠白菜卷

12分钟　美容养颜

原料： 大白菜180克，腊肠70克，鱿鱼干1条，红椒35克，鲜香菇3朵，蒜末、葱花各少许

调料： 盐、白糖各3克，鸡粉2克，蚝油5克，生抽、料酒、胡椒粉、食用油各适量

做法

1 将红椒切开，去籽，切粒；香菇切块，改切丁；鱿鱼干切粒；腊肠切丁。

2 大白菜叶焯水至断生，捞出；起油锅，爆香蒜末，放入香菇、鱿鱼粒，炒匀。

3 加蚝油、生抽、料酒，倒入腊肠，炒匀，加盐、白糖、鸡粉、胡椒粉、水，炒制成馅料。

4 馅料放在白菜叶上制成卷坯，装盘入蒸锅，撒红椒粒，蒸熟取出，撒葱花即可。

扫一扫看视频

黄瓜炒腊肠

2分钟 清热解毒

原料： 黄瓜200克，腊肠150克，朝天椒5克，姜片、蒜片、葱段各少许

调料： 盐、鸡粉各2克，水淀粉4毫升，料酒5毫升，食用油适量

做法

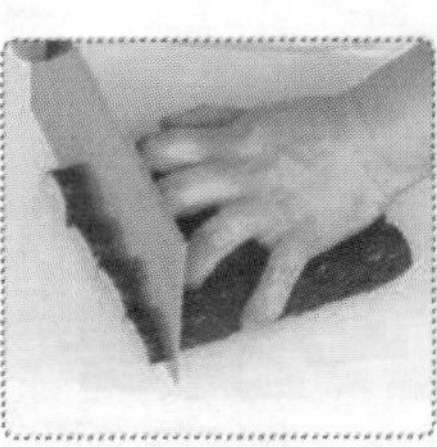

1 洗净的朝天椒切成圈；洗净的腊肠切成片；洗净的黄瓜对半切开，去瓤，切片。

2 锅中注水，大火烧开，倒入切好的腊肠，汆片刻，捞出，沥水装盘。

3 热锅注油，爆香朝天椒、姜片、蒜片，倒入腊肠、黄瓜，翻炒均匀。

4 淋入料酒，加入盐、鸡粉、水淀粉，倒入葱段，翻炒调味，盛出即可。

泡椒熏豆干炒腊肠

2分钟 开胃消食

原料： 熏豆干200克，腊肠120克，泡小米椒40克，红椒45克，姜片、蒜末、葱段、豆豉各少许

调料： 盐、鸡粉各3克，料酒10毫升，生抽、水淀粉各5毫升，食用油适量

做法

1 泡小米椒切碎；洗好的红椒切开，去籽，再切小块；熏豆干切片；腊肠切成片。

2 热锅注油烧至四成热，放入腊肠搅匀，炸出香味，捞出，沥干油。

3 锅留底油，爆香葱段、姜片、蒜末、豆豉，倒入红椒、泡小米椒、熏豆干、腊肠，炒匀。

4 淋入料酒、生抽，炒匀，加少许水，放入盐、鸡粉、水淀粉翻炒入味，盛出即可。

双椒炒腊肠

2分钟 开胃消食

原料： 青椒120克，红椒40克，腊肠100克，姜片、葱白、蒜末各适量

调料： 盐、白糖、料酒、味精、水淀粉、食用油各适量

做法

1 将洗净的腊肠放入热水锅中，加盖，煮约2分钟至熟，捞出。

2 青椒、红椒均洗净，去籽切片；腊肠切成片。

3 锅中注油，放入装有腊肠的漏勺，持续浇油约1分钟，捞出。

4 锅留底油，爆香姜片、葱白、蒜末，倒入青、红椒炒匀，淋入水，倒入腊肠，加入料酒、盐、味精、白糖、水淀粉，炒匀入味即成。

扫一扫看视频

杂菌炒腊肠

4分钟　增强免疫力

原料： 金针菇130克，杏鲍菇100克，平菇80克，腊肠150克，青椒30克，蒜末少许

调料： 盐2克，鸡粉3克，食用油适量

做法

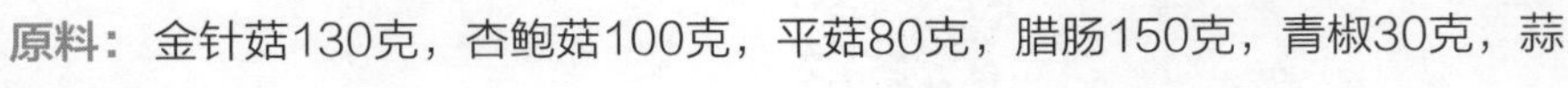

1 腊肠切片；杏鲍菇洗净切片；金针菇洗净去根，切段；平菇洗净撕小瓣；青椒洗净去柄、籽，切块。

2 锅中注水烧开，倒入腊肠，汆片刻，捞出；往锅中放入杏鲍菇、平菇，焯片刻，捞出。

3 用油起锅，爆香蒜末，放入青椒、金针菇，炒匀，倒入腊肠、杏鲍菇、平菇，炒匀。

4 加入盐、鸡粉，炒匀，注入适量水，翻炒约1分钟至熟，盛入盘中即可。

萝卜干炒腊肠

2分钟　开胃消食

原料： 萝卜干70克，腊肠180克，蒜薹30克，葱花少许

调料： 盐2克，豆瓣酱、料酒、鸡粉、食用油各适量

做法

1 把洗净的蒜薹切成段；洗好的萝卜干切小段；腊肠用斜刀切成片。

2 锅中注入水烧热，倒入蒜薹、萝卜干，搅匀，煮约半分钟，至其断生，捞出。

3 用油起锅，倒入腊肠，炒至出油，放入焯过水的蒜薹、萝卜干，炒匀。

4 加入豆瓣酱、料酒，炒香炒透，放入鸡粉、盐，翻炒入味，盛出，撒上葱花即可。

湘卤牛肉

4分钟　益气补血

原料： 卤牛肉、莴笋各100克，红椒17克，蒜末、葱花各少许

调料： 盐3克，老卤水70毫升，鸡粉2克，陈醋7毫升，芝麻油、辣椒油、食用油各适量

做法

1 洗净的红椒对半切开，去籽切粒；去皮洗净的莴笋切片；卤牛肉切成片。

2 锅中倒水烧开，加入少许食用油、盐，倒入莴笋，煮1分钟至熟，捞出装盘。

3 将牛肉片放在莴笋片上；取一个干净的碗，倒入蒜末、葱花、红椒粒。

4 倒入老卤水，加入辣椒油、鸡粉、盐、陈醋、芝麻油，拌匀，浇在牛肉片上即可。

扫一扫看视频

12分钟

降低血压

双椒孜然爆牛肉

原料： 牛肉250克，青椒60克，红椒45克，姜片、蒜末、葱段各少许

调料： 盐、鸡粉各3克，食粉、生抽、水淀粉、孜然粉、食用油各适量

烹饪小提示

在切辣椒时，先将刀在冷水中蘸一下再切，就不会辣眼睛了。

做法

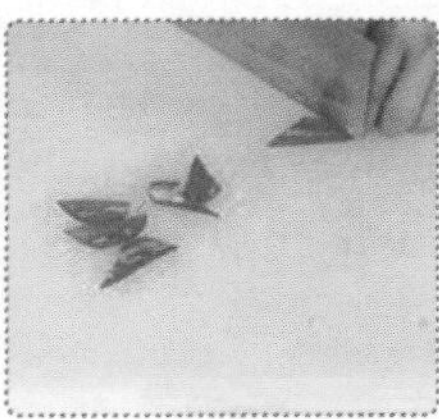

1 洗净的青椒、红椒均切开，去籽，改切成小块；洗净的牛肉切成片。

2 把牛肉片装入碗中，加1克盐、1克鸡粉、食粉、少许生抽，搅拌匀。

3 倒入少许水淀粉，拌匀，淋入少许食用油，拌匀，腌渍约10分钟。

4 热锅注油烧至三四成热，倒入牛肉片，搅散，滑油约半分钟至变色，捞出。

5 锅底留油，爆香姜片、蒜末、葱段，放入青椒、红椒、牛肉，撒入孜然粉。

6 放入2克盐、2克鸡粉、生抽，炒匀调味，倒入水淀粉勾芡，盛出即可。

五香粉蒸牛肉

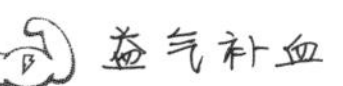

扫一扫看视频

原料： 牛肉150克，蒜末、姜末、葱花各3克

调料： 豆瓣酱10克，盐3克，蒸肉米粉30克，料酒、生抽各8毫升，食用油适量

做法

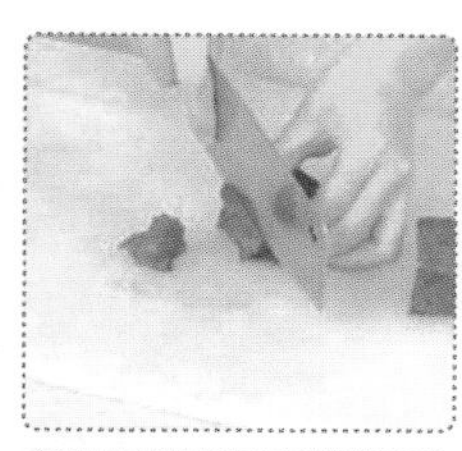

1 将洗净的牛肉切成片，待用。

2 牛肉片装碗，放入料酒、生抽、盐，撒上蒜末、姜末。

3 倒入豆瓣酱，拌匀，加入蒸肉米粉，拌匀，注油腌渍一会儿，转到备好的蒸盘中，摆好。

4 备好电蒸锅，烧开水后放入蒸盘，蒸约15分钟至食材熟透，取出，趁热撒上葱花即可。

扫一扫看视频

小炒牛肉丝

12分钟　增强免疫力

原料： 牛里脊肉300克，茭白100克，洋葱70克，青椒、红椒各25克，姜片、蒜末、葱段各少许

调料： 食粉3克，生抽、料酒各5毫升，盐、鸡粉各4克，水淀粉4毫升，豆瓣酱、食用油各适量

做法

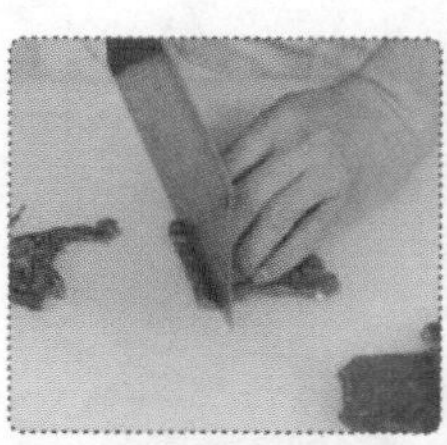

1 洋葱、红椒、青椒、茭白洗净切丝；牛肉洗净切丝，加食粉和少许的生抽、鸡粉、盐、水淀粉、油腌渍。

2 沸水锅中倒入茭白丝，加入少许盐，煮去涩味，捞出；牛肉丝入油锅滑油至变色，捞出。

3 锅底留油，炒香姜片、葱段、蒜末、豆瓣酱，放入洋葱、青椒丝、红椒丝，翻炒均匀。

4 倒入茭白丝、牛肉丝，加入料酒、生抽、盐、鸡粉、水淀粉，翻炒入味，盛出装盘即可。

腊八豆炒牛肉

14分钟 强身健体

原料： 牛肉200克，腊八豆90克，青椒80克，红椒20克，姜片、葱段各少许

调料： 盐、白糖各2克，鸡粉3克，辣椒油、生抽各5毫升，料酒、水淀粉、胡椒粉、食用油各适量

做法

1. 红、青椒均洗净切片；牛肉洗净切片，装碗加胡椒粉和少许的盐、料酒、水淀粉、食用油腌渍。
2. 锅中注水烧开，倒入牛肉片，汆至牛肉断生，捞出沥水，装盘待用。
3. 用油起锅，倒入姜片、葱段、腊八豆、牛肉片，炒匀，加入料酒、生抽、清水。
4. 倒入青椒片、红椒片，加入盐、鸡粉、白糖、水淀粉、辣椒油，炒熟入味，盛出即可。

胡萝卜香味炖牛腩

75分钟 美容养颜

原料： 牛腩400克，胡萝卜100克，红椒45克，青椒1个，姜片、蒜末、葱段、香叶各少许

调料： 水淀粉、料酒各10毫升，豆瓣酱10克，生抽8毫升，食用油适量

做法

1. 胡萝卜洗净切小块；汆过的牛腩切小块；洗好的青椒、红椒均切开，去籽，再切小块。
2. 锅中注油，炒香香叶、蒜末、姜片，倒入牛腩块，炒匀，淋入料酒。
3. 加入豆瓣酱、生抽，炒匀，倒入适量水，大火炖1小时，放入胡萝卜块。
4. 大火焖10分钟，放入青椒、红椒，炒匀，倒入水淀粉勾芡，挑出香叶，盛出放上葱段即可。

扫一扫看视频

酸笋牛肉

14分钟　促进食欲

原料： 酸笋120克，牛肉100克，红椒20克，姜片、蒜末、葱段各少许

调料： 豆瓣酱5克，盐4克，鸡粉2克，食粉少许，生抽、料酒各3毫升，水淀粉、食用油各适量

做法

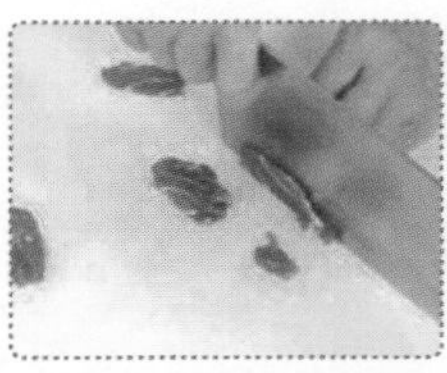

1 将洗净的酸笋切片；洗好的红椒切开，去籽，再切小块；洗净的牛肉切成片。

2 牛肉片装碗，加食粉、生抽、1克盐、1克鸡粉、少许的水淀粉和食用油腌渍10分钟。

3 锅中注水烧开，放入酸笋片，搅匀，再加入1克盐，搅匀，煮约1分钟，捞出。

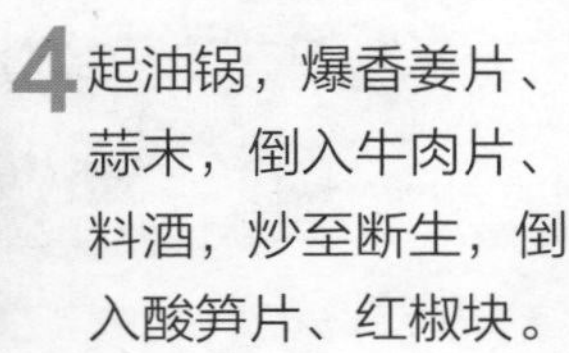

4 起油锅，爆香姜片、蒜末，倒入牛肉片、料酒，炒至断生，倒入酸笋片、红椒块。

5 加1克鸡粉、2克盐、豆瓣酱，翻炒入味，倒入水淀粉勾芡，撒上葱段，炒香，盛出即可。

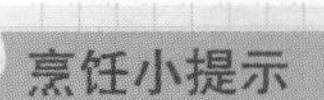

烹饪小提示

牛肉片先拍打后再腌渍，翻炒时更容易保持其肉质的韧性。

湘味牛肉火锅

16分钟　益气补血

原料： 牛肉400克，洋葱90克，蒜苗80克，大白菜100克，红椒40克，姜片、蒜末、葱段各少许

调料： 盐、鸡粉各2克，水淀粉8毫升，食粉、生抽、豆瓣酱、料酒、食用油各适量

做法

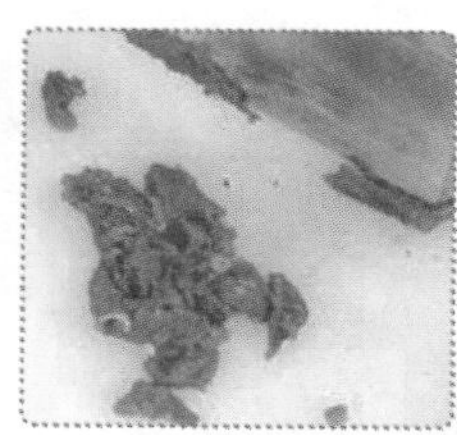

1 大白菜洗净切条；红椒洗净切小块；蒜苗洗净切小段；洋葱洗净切小块；牛肉洗净切片。

2 牛肉装碗加食粉和少许的生抽、盐、鸡粉、水淀粉、食用油腌渍10分钟，至其入味。

3 起油锅，放入牛肉搅散，倒入洋葱拌匀，捞出；锅留油，炒香姜片、葱段、蒜末、红椒，放入牛肉、洋葱。

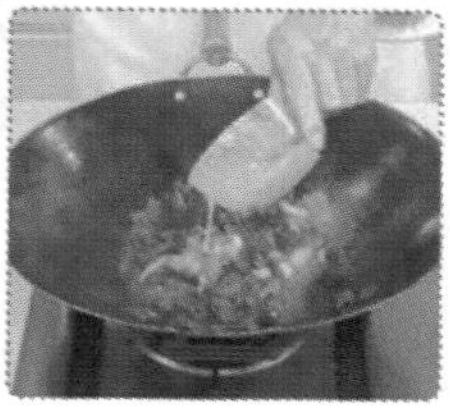

4 放入豆瓣酱、料酒、生抽、盐、鸡粉、蒜苗、水炒匀，用水淀粉勾芡，盛入装有大白菜的火锅中即可。

扫一扫看视频

口水牛筋

2分钟 美容养颜

原料： 熟牛蹄筋200克，白芝麻10克，干辣椒5克，蒜末、葱花各少许

调料： 盐3克，鸡粉2克，辣椒粉15克，生抽5毫升，辣椒油3毫升，食用油适量

做法

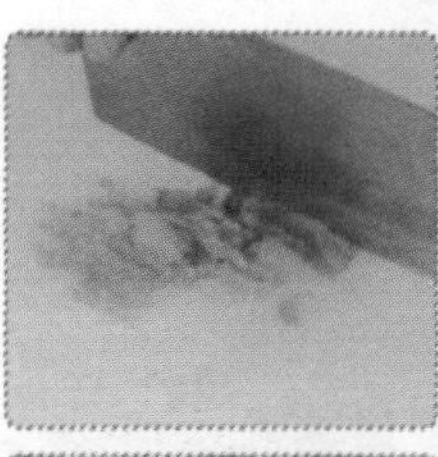

1 将熟牛蹄筋切成片，装入盘中备用。

2 用油起锅，倒入干辣椒、蒜末、辣椒粉，炒香，倒入少许水，炒匀。

3 加入生抽、盐、鸡粉、辣椒油、炒匀，制成调味料。

4 牛蹄筋装碗，加入调味料、葱花，拌匀，加入白芝麻，拌匀，盛出装盘即可。

西芹湖南椒炒牛肚

5分钟　健脾止泻

原料： 熟牛肚200克，湖南椒80克，西芹110克，朝天椒30克，姜片、蒜末、葱段各少许

调料： 盐、鸡粉各2克，料酒、生抽、芝麻油各5毫升，食用油适量

做法

1 湖南椒洗净切小块；西芹洗净切小段；朝天椒洗净切圈；熟牛肚切粗条。
2 用油起锅，倒入朝天椒、姜片，爆香，放入牛肚，炒匀。
3 倒入蒜末、湖南椒、西芹段，炒匀，加入料酒、生抽，注水，加入盐、鸡粉，炒匀。
4 加入芝麻油，炒匀，放入葱段，翻炒约2分钟至入味，盛出装盘即可。

粉蒸羊肉

32分钟　增强免疫力

原料： 羊肉300克，蒜末、姜末、红椒末、葱花各少许

调料： 蒸肉米粉50克，料酒、生抽、盐、味精、鸡粉、食用油各适量

做法

1 将洗净的羊肥肉切粗丝；洗净的羊精肉切薄片。
2 羊精肉装盘，加料酒、生抽、盐、味精、鸡粉、蒸肉米粉、红椒末、姜末、蒜末拌入味。
3 羊肥肉丝摆入盘中，再摆好羊精肉，将盘子转到蒸锅中。
4 盖上锅盖，蒸30分钟至熟，取出羊肉，浇上适量热油，撒上葱花即可。

45分钟

保肝护肾

香辣啤酒羊肉

原料： 羊肉500克，干辣椒段25克，啤酒200毫升，姜片、蒜苗段各少许

调料： 盐、蚝油、辣椒酱、辣椒油、水淀粉、食用油各适量

烹饪小提示

腐烂的生姜会产生一种毒性很强的物质，可使肝细胞变性坏死，所以腐烂的生姜要丢掉。

做法

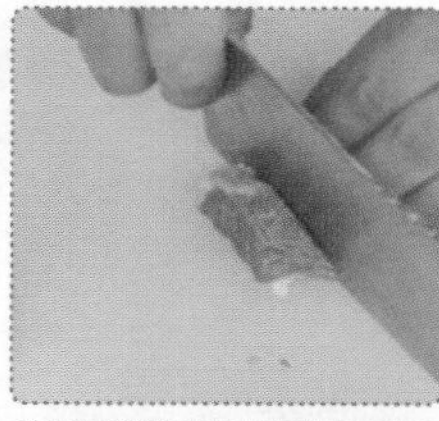

1 将洗净的羊肉切成块，待用。

2 锅中注水烧开，放入羊肉，汆片刻以去除异味，捞出羊肉，装盘备用。

3 炒锅热油，放入姜片略炒，放入羊肉炒匀，倒入洗好的干辣椒段炒匀。

4 加入啤酒，再加盐、蚝油、辣椒酱炒匀，加盖，小火焖40分钟至羊肉软烂。

5 揭盖，放入蒜苗梗略炒，再放入蒜苗叶、辣椒油翻炒均匀，加入水淀粉，快速翻炒均匀。

6 将锅中的材料移至砂煲内，煨片刻，端下砂煲即成。

PART 05 开胃滋补的禽蛋

禽蛋食材方便易得，经济实惠，营养价值颇高，被誉为“人类最好的营养源”，是老百姓滋补强身最主要的营养来源之一。广义上的禽蛋食材包括鸡、鸭、鹅等可食用的禽类及相应的蛋类。本部分精选了数十道开胃滋补的禽蛋佳肴，秉承“选料认真，切配精细，烹调讲究，味别多样”的湘式烹饪态度，为你开启地道的湘式烹饪之门。

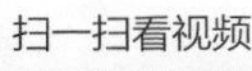

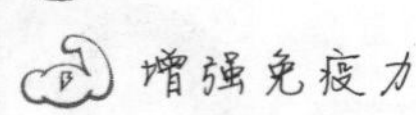

左宗棠鸡

原料： 鸡腿250克，鸡蛋1个，姜片、干辣椒、蒜末、葱花各少许

调料： 辣椒油5毫升，鸡粉、盐各3克，白糖4克，料酒10毫升，生粉30克，白醋、食用油各适量

烹饪小提示

鸡肉下油锅后，要不时搅动，使其受热均匀。

做法

1 处理干净的鸡腿切开，去除骨头，再切成小块。

2 鸡肉装入碗中，放入1克盐、1克鸡粉、5毫升料酒，再加入蛋黄，搅拌片刻，倒入生粉，搅匀。

3 热锅注油，烧至六成热，倒入鸡肉，快速搅散，炸至金黄色，捞出，沥油待用。

4 锅底留油，爆香蒜末、姜片、干辣椒，倒入鸡肉，淋入5毫升料酒，炒匀提鲜。

5 放入辣椒油、2克盐、2克鸡粉、白糖，翻炒片刻，淋入白醋，倒入葱花。

6 持续翻炒片刻，使食材更入味，将炒好的鸡肉盛出，装入碗中即可。

鸡丝豆腐干

13分钟 促进食欲

原料： 鸡胸肉150克，豆腐干120克，红椒30克，姜片、蒜末、葱段各少许

调料： 盐2克，鸡粉3克，生抽2毫升，料酒、水淀粉、食用油各适量

做法

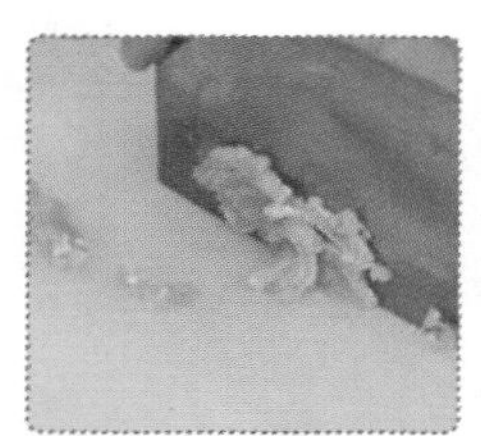

1 豆腐干洗净切条；红椒洗净切丝；鸡胸肉洗净切丝，装碗加1克盐、1克鸡粉、少许的水淀粉和油腌渍。

2 热锅注油，烧至五成热，倒入豆腐干，拌匀，炸出香味，捞出，待用。

3 锅底留油，爆香红椒、姜片、蒜末、葱段，倒入鸡肉丝，炒匀，淋入适量料酒，炒香。

4 倒入豆腐干，拌炒匀，加入1克盐、2克鸡粉、生抽，炒匀调味，倒入水淀粉勾芡，盛出即可。

扫一扫看视频

老干妈冬笋炒鸡丝

14分钟　防癌抗癌

原料： 鸡胸肉120克，冬笋20克，洋葱丝、蒜末各少许

调料： 老干妈辣酱20克，盐、味精、白糖、水淀粉、料酒、鸡粉、食用油各适量

做法

1 鸡胸肉洗净切丝；冬笋洗净切丝；鸡胸肉装碗，加少许的盐、味精、水、水淀粉、食用油拌匀，腌渍。

2 锅中加清水烧开，加入少许盐，倒入冬笋后加鸡粉煮约1分钟，捞出备用。

3 热锅注油，放入鸡肉丝滑油捞出；锅底留油，倒入蒜末、洋葱丝、老干妈辣酱和冬笋丝炒匀。

4 再加入鸡肉，加料酒、盐、味精、白糖炒至入味，加水淀粉勾芡，盛出装入盘中即可。

鸡丝拌豆腐

3分钟　强身健体

原料： 鸡胸肉100克，豆腐200克，朝天椒15克，花生20克，白芝麻、香菜各少许

调料： 盐3克，鸡粉少许，生抽3毫升，料酒、陈醋、辣椒油、芝麻油、食用油各适量

做法

1 花生入油锅炸至呈米黄色；沸水锅中加少许盐、豆腐，焯水捞出，放入鸡胸肉、料酒煮熟捞出。

2 花生去红衣，切末；朝天椒洗净切圈；鸡胸肉撕成丝；豆腐切片，摆入盘中。

3 碗中放入朝天椒、花生、生抽、陈醋、鸡粉、盐、辣椒油、芝麻油，拌匀。

4 将鸡肉丝放在豆腐片上，浇上拌好的调料，撒上白芝麻，再放上香菜即可。

剁椒炒鸡丁

12分钟　益气补血

原料： 鸡胸肉200克，剁椒、青椒各20克，姜片、蒜末、葱白各少许

调料： 盐3克，豆瓣酱15克，鸡粉4克，水淀粉、食用油各适量

做法

1 洗净的鸡胸肉切丁；洗净的青椒切开，去除籽，再切成小块。

2 鸡丁装碗，加入1克盐、2克鸡粉、少许水淀粉，拌匀上浆，注入少许食用油，腌渍10分钟。

3 起油锅，爆香姜片、蒜末、葱白，倒入剁椒、青椒炒香，倒入鸡丁，炒至转色。

4 加入2克盐、2克鸡粉，放入豆瓣酱，注水煮至汤汁收浓，倒入水淀粉炒匀，盛出即可。

扫一扫看视频

魔芋泡椒鸡

15分钟　降低血脂

原料： 魔芋黑糕300克，鸡胸肉120克，泡朝天椒圈30克，姜丝、葱段各少许

调料： 盐、白糖各2克，鸡粉3克，白胡椒粉4克，料酒、辣椒油、生抽各5毫升，水淀粉、蚝油、食用油各适量

做法

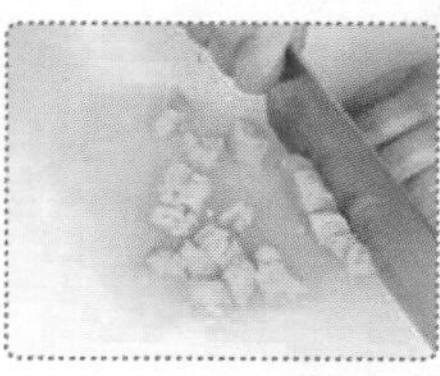

1 魔芋黑糕切块；鸡胸肉洗净切丁，装碗加盐、料酒、白胡椒粉、水淀粉、食用油腌渍。

2 取一碗，倒入水，放入魔芋黑糕，搅拌均匀，浸泡10分钟，捞出装盘待用。

3 起油锅，倒入鸡肉，炒匀，加入姜丝、泡朝天椒圈，炒匀，倒入魔芋黑糕，炒匀。

4 加入适量生抽，拌匀，注入适量水，拌匀，中火焖2分钟至食材熟软。

5 加入白糖、蚝油、鸡粉、水淀粉、葱段炒匀，倒入辣椒油，翻炒入味，盛出即可。

烹饪小提示

魔芋炒之前可入开水锅中焯一下，以去除碱味。

双椒鸡丝

12分钟　保肝护肾

原料： 鸡胸肉250克，青椒75克，彩椒35克，红小米椒25克，花椒少许

调料： 盐2克，鸡粉、胡椒粉各少许，料酒6毫升，水淀粉、食用油各适量

做法

1 青椒洗净去籽，切细丝；彩椒洗净切细丝；红小米椒洗净切小段；鸡胸肉洗净切细丝。

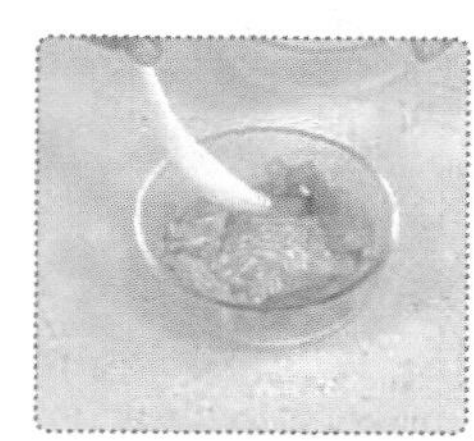

2 把切好的鸡肉丝装入碗中，加入1克盐、3毫升料酒、水淀粉，搅拌匀，再腌渍约10分钟，待用。

3 起油锅，倒入鸡肉丝炒变色，撒上花椒，炒香，放入红小米椒，炒匀，淋入3毫升料酒，炒出辣味。

4 倒入青椒丝、彩椒丝，炒至变软，加入1克盐、鸡粉、胡椒粉，用水淀粉勾芡，盛出装盘即成。

农家尖椒鸡

15分钟 增强免疫力

原料：净鸡肉450克，青椒30克，红椒、荷兰豆各10克，姜片、葱白各少许

调料：盐、味精、蚝油、豆瓣酱、料酒、水淀粉、食用油各适量

做法

1 净鸡肉斩成块；洗净的青椒和红椒均切成片；鸡块加料酒、少许的盐和水淀粉，拌匀腌渍。

2 热锅注油，倒入鸡块滑油约2分钟至熟，倒入青椒、红椒，滑油片刻，捞出。

3 锅留底油，倒入姜片、葱白和洗好的荷兰豆，加豆瓣酱炒香，倒入鸡块、青椒和红椒，翻炒约2分钟至入味。

4 加盐、味精、蚝油炒匀，用水淀粉勾芡，炒入味，盛盘即成。

豉香鸡肉

13分钟 增进食欲

原料：净鸡肉500克，豆豉、蒜末各35克，青椒末、红椒末各50克

调料：盐、味精各3克，白糖2克，料酒15毫升，老抽、生抽各10毫升，水淀粉、食用油各适量

做法

1 鸡肉斩成小件，装碗加少许的料酒、盐、味精，放入生抽、水淀粉抓匀，腌渍 10 分钟。

2 锅中注油烧热，倒入鸡块，搅散，炸约1分钟至熟透，捞起沥油，备用。

3 锅底留油，倒入豆豉、蒜末爆香，放入青椒末、红椒末、鸡块，炒匀。

4 转小火，淋上料酒、老抽，加入盐、味精、白糖，炒入味，盛盘即成。

青椒炒鸡丝

12分钟　益气补血

扫一扫看视频

原料： 鸡胸肉150克，青椒55克，红椒25克，姜丝、蒜末各少许

调料： 盐2克，鸡粉3克，豆瓣酱5克，料酒、水淀粉、食用油各适量

做法

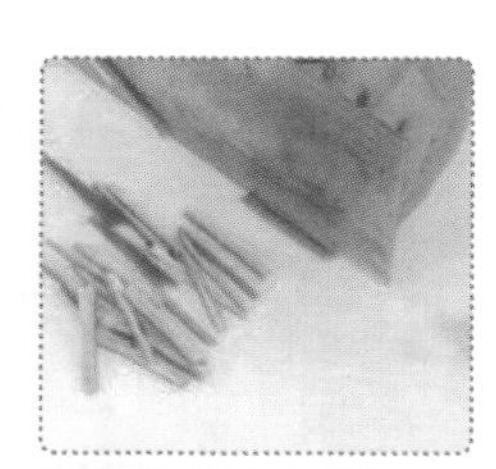

1 洗净的红椒、青椒均对半切开，去籽，再切丝；洗净的鸡胸肉切片，切成丝。

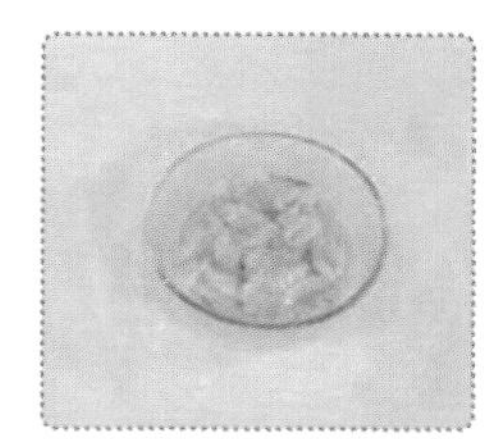

2 鸡肉丝装碗，放入1克盐、1克鸡粉、水淀粉，抓匀，加入少许食用油，腌渍10分钟至入味。

3 锅中注水烧开，加入少许食用油，放入红椒、青椒，煮半分钟至其七成熟，捞出，装入盘中。

4 起油锅，爆香姜丝、蒜末，倒入鸡肉丝、青椒、红椒炒匀，加豆瓣酱、1克盐、2克鸡粉、料酒，炒匀即可。

扫一扫看视频

茶树菇干锅鸡

4分钟　增强免疫力

原料： 鸡肉块400克，茶树菇100克，大葱段60克，姜片、蒜片、小葱段各少许

调料： 盐、鸡粉各2克，生抽8毫升，豆瓣酱、辣椒酱各10克，料酒、水淀粉各10毫升，食用油适量

做法

1 洗净的茶树菇切成段，待用。

2 锅中注水烧开，倒入洗净的鸡肉块，拌匀，汆去血水，撇去浮沫，捞出，沥干水分，待用。

3 起油锅，炒香姜片、蒜片、小葱段、大葱段，倒入茶树菇、鸡块炒匀，加入料酒、豆瓣酱。

4 加入生抽、辣椒酱、水，炒匀，放入盐、鸡粉，炒匀入味，用水淀粉勾芡，盛入干锅即可。

花生炒腊鸡

5分钟 益气补血

原料：腊鸡块160克，油炸花生65克，青椒40克，蒜末少许

调料：料酒2毫升，生抽5毫升，鸡粉2克，食用油适量

做法

1 洗净的青椒切成丝，待用。

2 锅中注水烧开，放入腊鸡块，汆片刻，捞出沥干水分，装入盘中待用。

3 用油起锅，爆香蒜末，倒入腊鸡块，炒匀，加入料酒、生抽，倒入花生，炒匀。

4 放入青椒丝，炒匀，加入鸡粉，翻炒约2分钟至入味，盛出炒好的菜肴，装盘即可。

爆炒腊鸡

17分钟 开胃消食

原料：腊鸡块170克，青椒、红椒各50克，姜片、葱段、蒜片各少许

调料：料酒、生抽、老抽各5毫升，盐、鸡粉各2克，水淀粉、食用油各适量

做法

1 洗净的青椒切开去籽，切成块；洗好的红椒切开去籽，切成块，待用。

2 用油起锅，爆香姜片、葱段、蒜片，倒入腊鸡块，加入料酒、生抽，炒匀。

3 注入适量水，拌匀，加上盖，大火焖15分钟至熟，揭开盖，加入盐、鸡粉，炒匀。

4 倒入青椒块、红椒块，加入老抽、水淀粉，翻炒至食材熟透入味，盛出装盘即可。

扫一扫看视频

腊鸡炖青笋

7分钟 增强免疫力

原料： 腊鸡450克，莴笋400克，青椒、红椒各35克，姜片、蒜末各10克

调料： 盐、味精、鸡粉、料酒、水淀粉、食用油各适量

做法

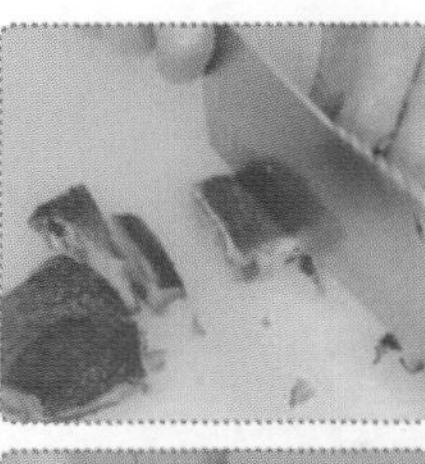

1 腊鸡洗净斩成小件；去皮洗净的莴笋切滚刀块；青椒、红椒均洗净去籽，切小段。

2 炒锅热油，爆香姜片、蒜末，倒入腊鸡炒匀，淋入料酒，注水，拌炒匀。

3 加盖，煮2～3分钟至七成熟，揭盖，放入莴笋，炒匀，调入鸡粉、盐、味精。

4 煮至莴笋熟透，倒入青椒片、红椒片，炒匀，用水淀粉勾芡汁，盛盘即成。

老干妈炒鸡翅

18分钟　强身健体

原料： 鸡中翅300克，青椒、红椒各10克，姜片、葱段各少许

调料： 盐3克，鸡粉2克，生抽、料酒各5毫升，老干妈辣酱25克，辣椒酱10克，水淀粉、生粉、食用油各适量

做法

1 青椒、红椒均洗净去籽，切小块；鸡中翅洗净斩小块，加少许的盐、鸡粉、料酒，放入生抽、生粉腌渍入味。

2 热锅注油烧至五成热，放入鸡中翅，炸约半分钟至表面呈金黄色，捞出。

3 锅中留油，爆香姜片，加老干妈辣酱、辣椒酱、鸡中翅炒匀，加料酒、盐、鸡粉、水炒匀，焖5分钟，倒入青椒、红椒。

4 炒匀收汁，加水淀粉、葱段炒匀即可。

剁椒焖鸡翅

12分钟　美容养颜

原料： 鸡中翅350克，剁椒25克，葱段、姜片、蒜末各少许

调料： 盐、鸡粉各2克，老抽2毫升，生抽、料酒各5毫升，水淀粉10毫升，食用油少许

做法

1 锅中注水煮沸，倒入洗净的鸡中翅，掠去浮沫，汆约2分钟至断生，捞出。

2 起油锅，爆香葱段、姜片、蒜末，放入剁椒、鸡中翅，炒香炒透，淋上生抽。

3 加入盐、鸡粉、料酒炒匀，注水没过鸡中翅，大火煮沸后转小火，续煮约10分钟至熟软。

4 揭盖，淋入老抽，炒匀，大火收汁，倒入水淀粉，炒匀，将鸡中翅装盘，浇上锅中汤汁即可。

扫一扫看视频

苦瓜焖鸡翅

16分钟 降压降糖

原料：苦瓜、鸡中翅各200克，姜片、蒜末、葱段各少许

调料：盐、鸡粉各3克，料酒、生抽、食粉、老抽、水淀粉、食用油各适量

做法

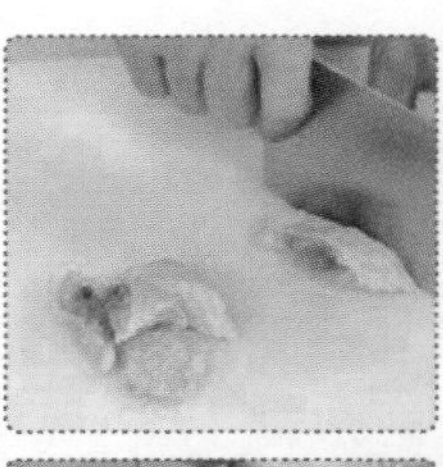

1 苦瓜洗净去籽，切段；鸡中翅洗净斩成小块，装碗加生抽、1克盐、1克鸡粉、少许料酒腌渍10分钟。

2 锅中注水烧开，放入适量食粉，倒入苦瓜，煮2分钟至断生，捞出，待用。

3 起油锅，爆香姜片、蒜末、葱段，倒入鸡中翅炒匀，加料酒、2克盐、2克鸡粉炒匀，倒水，小火焖至熟软。

4 放入苦瓜，拌匀，再焖3分钟至熟透，淋入老抽，拌匀，大火收汁，用水淀粉勾芡，盛出即可。

葱香豉油蒸鸡翅

38分钟　降压降糖

原料： 鸡中翅250克，香菜、姜丝各8克，葱段10克

调料： 盐2克，胡椒粉1克，冰糖30克，豉油、料酒各8毫升，老抽2毫升，食用油适量

做法

1 在洗净的鸡中翅两面各划上两道一字刀。

2 鸡中翅装碗，倒入料酒，放入胡椒粉，加入盐，搅拌均匀，腌渍15分钟至入味。

3 起油锅，爆香葱段、姜丝，倒入冰糖、鸡中翅，煎至冰糖稍稍溶化，加入豉油、老抽炒匀，将鸡中翅装盘。

4 备好已注水烧开的电蒸锅，放入鸡中翅蒸20分钟至熟透，揭盖，取出放上香菜即可。

豉汁粉蒸鸡爪

43分钟　养颜美容

原料： 鸡爪200克，去皮南瓜130克，花生50克，豆豉8克，姜丝5克，葱花4克

调料： 蒸肉米粉50克，白糖5克，盐3克，料酒5毫升，老抽2毫升，生抽10毫升

做法

1 南瓜切约0.5厘米的厚片，铺在盘子底部；洗净的鸡爪切去趾甲，对半切开。

2 鸡爪装碗，放入花生、老抽、生抽、姜丝、盐、料酒、白糖、豆豉腌渍10分钟至入味。

3 鸡爪腌好后倒入蒸肉米粉，拌匀，倒在南瓜片上，再将食材放入烧开的电蒸锅中。

4 加盖，调好时间旋钮，蒸30分钟至熟，揭盖，取出蒸好的鸡爪和南瓜，撒上葱花即可。

魔芋炖鸡腿

15分钟　温中益气

原料： 魔芋150克，鸡腿180克，红椒20克，姜片、蒜末、葱段各少许

调料： 老抽2毫升，豆瓣酱5克，生抽、料酒、盐、鸡粉、水淀粉、食用油各适量

做法

1 魔芋、红椒均洗净切小块；鸡腿洗净斩小块，加少许的生抽、料酒、盐、鸡粉、水淀粉腌渍。

2 沸水锅中加魔芋、盐煮1分30秒，捞出。

3 起油锅，爆香姜片、蒜末、葱段，倒入鸡腿块，炒至变色，加生抽、料酒、盐、鸡粉、水，放入魔芋、老抽。

4 放入豆瓣酱炒匀，炖至熟，放入红椒块、水淀粉炒匀，盛出撒葱段即可。

剁椒蒸鸡腿

23分钟　保肝护肾

原料： 鸡腿200克，红蜜豆35克，姜片、蒜末各少许

调料： 海鲜酱12克，剁椒酱25克，鸡粉少许，料酒3毫升

做法

1 取一小碗，倒入备好的剁椒酱，加入海鲜酱，撒上姜片、蒜末。

2 淋入料酒，放入少许鸡粉，搅拌均匀，制成辣酱，待用。

3 取一个蒸盘，放入洗净的鸡腿，摆好，撒上红蜜豆，再盛入调好的辣酱，铺匀。

4 蒸锅上火烧开，放入蒸盘，盖盖，用大火蒸约20分钟至熟透，揭盖，取出即可。

洋葱烩鸡腿

12分钟　开胃消食

扫一扫看视频

原料： 洋葱350克，鸡腿300克，青椒片、红椒片各10克，姜片少许

调料： 盐3克，味精、白糖、料酒、蚝油、水淀粉、食用油各适量

做法

1 洋葱洗净切片；鸡腿洗净斩成块，装盘，加料酒、白糖、少许的盐和水淀粉拌匀，腌渍约10分钟。

2 锅中注油，烧至四成热，放入鸡腿滑油至断生，再放入洋葱拌匀，滑油片刻，捞出食材。

3 锅底留油，爆香姜片，再倒入鸡腿、洋葱，放入青椒片、红椒片。

4 转小火，加盐、味精、蚝油调味，翻炒入味，用水淀粉勾芡，翻炒均匀，盛出即可。

12分钟

开胃消食

老干妈酱爆鸡软骨

原料： 鸡软骨200克，四季豆150克，姜片、蒜头、葱段各少许

调料： 盐、鸡粉各2克，生抽8毫升，生粉10克，老干妈辣酱30克，料酒、水淀粉、食用油各适量

烹饪小提示

炒四季豆时可以加入适量的糖色，不仅能调味、增色，还能使口感更佳。

做法

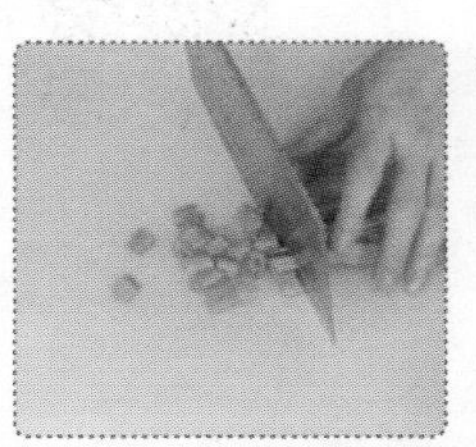

1 洗净的四季豆切成小丁，待用。

2 锅中注水烧开，倒入洗好的鸡软骨，拌煮约1分钟，汆去血水，再淋入少许料酒去味。

3 捞出汆好的鸡软骨，装入碗中，加入4毫升生抽、生粉，拌匀上浆，腌渍约10分钟至入味。

4 热锅注油烧热，倒入鸡软骨搅散，炸约半分钟，倒入四季豆、蒜头炸至七成熟，捞出，待用。

5 锅底留油烧热，爆香姜片、葱段，倒入炸好的材料，加入料酒、4毫升生抽、盐、鸡粉，炒匀。

6 倒入适量水淀粉勾芡，放入老干妈辣酱，炒至入味，盛出炒好的菜肴即可。

泡椒鸡脆骨

3分钟　开胃消食

扫一扫看视频

原料：鸡脆骨120克，泡小米椒30克，姜片、蒜末、葱段各少许

调料：料酒5毫升，盐、鸡粉各2克，生抽、老抽各3毫升，豆瓣酱7克，水淀粉10毫升，食用油适量

做法

1 锅中注水烧开，倒入鸡脆骨，加入2毫升料酒、1克盐，拌匀，煮约半分钟，汆去血水，捞出材料。

2 起油锅，爆香姜片、葱段、蒜末，放入鸡脆骨，炒匀，加入3毫升料酒、生抽、老抽，炒匀炒透。

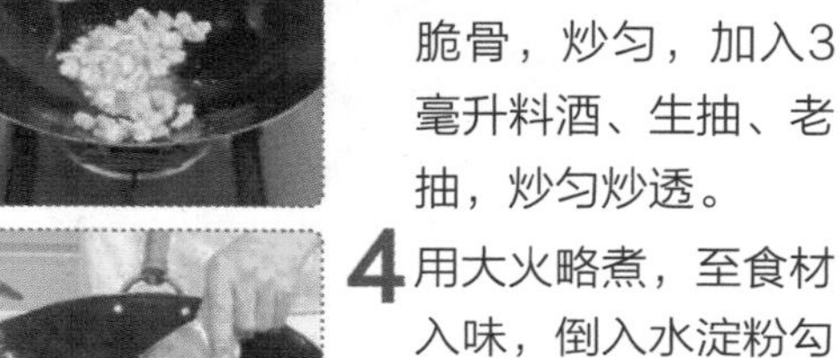

3 倒入泡小米椒，炒出香味，放入豆瓣酱，炒出香辣味，加入1克盐、鸡粉、少许水，炒匀。

4 用大火略煮，至食材入味，倒入水淀粉勾芡，盛出锅中的菜肴即可。

扫一扫看视频

双椒炒鸡脆骨

3分钟　补钙

原料： 鸡脆骨200克，青椒30克，红椒15克，姜片、蒜末、葱段各少许

调料： 料酒4毫升，盐、鸡粉各2克，生抽3毫升，豆瓣酱7克，水淀粉4毫升，食用油适量

做法

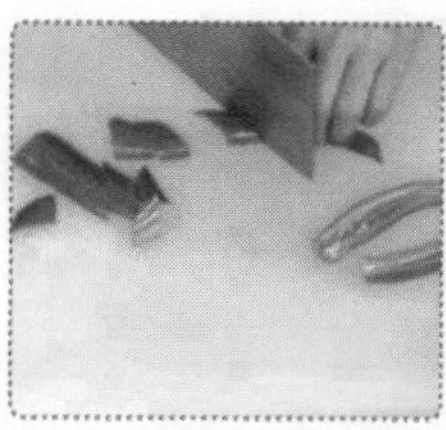

1 洗净的青椒切开，去籽，切小块；洗净的红椒切开，去籽，切小块。

2 锅中注水烧开，加入2毫升料酒、1克盐，倒入鸡脆骨，略煮一会儿，拌匀，汆去血水，捞出。

3 起油锅，爆香姜片、蒜末，倒入鸡脆骨，炒匀，加入2毫升料酒、生抽、豆瓣酱，炒出香味。

4 倒入青椒、红椒，炒至变软，注水，加1克盐、鸡粉炒匀，用水淀粉勾芡，撒上葱段炒香，盛出即可。

酸笋炒鸡胗

15分钟 开胃消食

原料： 酸笋200克，鸡胗80克，青椒片、红椒片、姜片、蒜末、葱白各少许

调料： 料酒、盐、味精、生粉、蚝油、老抽、水淀粉、食用油各适量

做法

1 酸笋洗净切片；鸡胗洗净切花刀，再切片，加生粉和少许料酒、盐、味精拌匀，腌渍10分钟。

2 锅中加水，倒入酸笋，煮沸后捞出，再倒入鸡胗，煮沸捞出。

3 起油锅，倒入姜片、蒜末、葱白、鸡胗炒匀，加入蚝油、老抽、料酒，倒入酸笋炒至熟。

4 加入青椒、红椒，放入盐、味精，炒入味，加水淀粉勾芡，淋入熟油拌匀，盛盘即可。

酸萝卜炒鸡胗

5分钟 开胃消食

原料： 鸡胗250克，酸萝卜250克，姜片、蒜末、葱白各少许

调料： 味精、盐、白糖、料酒、生粉、辣椒酱、水淀粉、食用油各适量

做法

1 将处理干净的鸡胗打花刀，再切成片，加入少许料酒、盐、味精、生粉拌匀。

2 锅中加水烧开，倒入鸡胗，汆片刻后捞出，待用。

3 起油锅，倒入姜片、蒜末、葱白、鸡胗炒香，放入料酒、生粉炒匀，加入酸萝卜炒至熟。

4 放味精、盐、白糖，加少许水，翻炒入味，加辣椒酱、水淀粉、熟油拌匀，盛盘即可。

扫一扫看视频

酸豆角炒鸡杂

8分钟 开胃消食

原料： 鸡杂200克，朝天椒圈35克，酸豆角350克，姜末、蒜蓉、葱花各少许

调料： 盐2克，葱姜酒汁、味精、蚝油、水淀粉、辣椒油、食用油各适量

做法

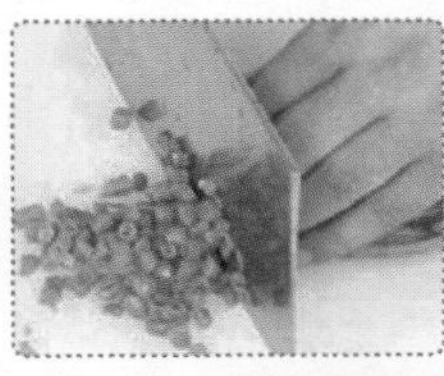

1 洗净的酸豆角切小段；处理干净的鸡杂切十字花刀，再切成小块，装碗备用。

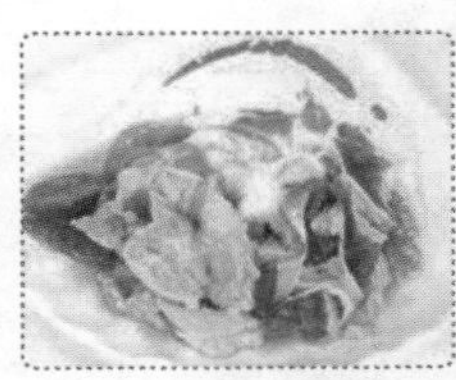

2 在碗中加入盐、少许味精，再倒入葱姜酒汁、少许水淀粉，拌匀入味，腌渍片刻。

3 锅中注入适量水烧热，放入酸豆角，焯片刻捞出备用。

4 炒锅注油，倒入鸡杂炒至七成熟，放入姜末、蒜蓉、朝天椒圈、酸豆角，炒匀。

5 转小火，加味精、蚝油、水淀粉、辣椒油炒匀，撒上葱花炒至断生，装盘即成。

烹饪小提示

酸豆角放入热水中焯一会儿，可以去除多余的盐分，还可以减轻酸度。

小炒腊鸭肉

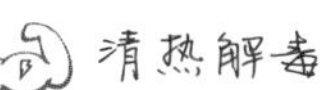

原料： 腊鸭块300克，红椒30克，青椒60克，青蒜15克，花椒、姜片、朝天椒各5克

调料： 鸡粉2克，白糖3克，料酒、生抽各5毫升，食用油适量

做法

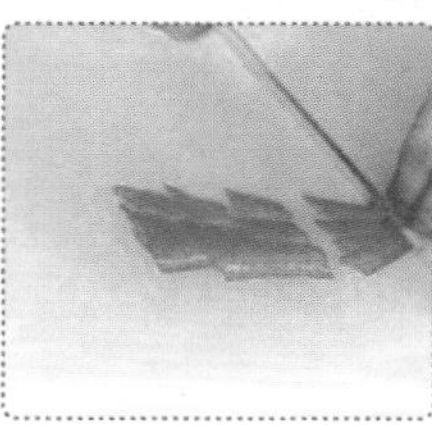

1 洗净的红椒去柄，去籽，切成块；洗好的青椒去柄，切成圈；洗净的青蒜切段。

2 锅中注水烧开，倒入腊鸭块，汆片刻，捞出，沥干水分，装入盘中待用。

3 用油起锅，爆香花椒、朝天椒、姜片，放入腊鸭块，炒匀，倒入青椒、红椒，翻炒均匀。

4 加入料酒、生抽、鸡粉、白糖，炒匀，放入青蒜，翻炒约1分钟至熟透入味，盛出即可。

干锅土匪鸭

13分钟 保肝护肾

原料： 鸭肉块300克，胡萝卜80克，蒜苗20克，香菜10克，姜片、葱段、蒜末、八角、桂皮、花椒、干辣椒各少许，辣椒面12克

调料： 盐、鸡粉各2克，辣椒油6毫升，豆瓣酱8克，生抽、老抽、料酒、水淀粉、食用油适量

做法

1 洗净去皮的胡萝卜切薄片；蒜苗洗净切段；香菜洗净切段；鸭肉焯水捞出。

2 起油锅，爆香葱段、花椒、姜片、蒜末、八角、桂皮、干辣椒，放入鸭肉块。

3 加入料酒、豆瓣酱、生抽、老抽，炒香，倒入胡萝卜，注水炒匀，加盐。

4 加鸡粉、辣椒面、辣椒油炒匀，中火煮约10分钟，用水淀粉勾芡，放入蒜苗炒香，盛入干锅，用香菜点缀即可。

啤酒鸭

25分钟 保肝护肾

原料： 鸭肉块800克，啤酒550毫升，葱少许，生姜、草果、干辣椒、桂皮、花椒、八角各适量

调料： 盐4克，味精、老抽、豆瓣酱、辣椒酱、蚝油、食用油各适量

做法

1 将洗净的草果拍破；去皮洗净的生姜拍破，切成片。

2 锅中倒水，放入鸭肉块汆至断生，捞出；起油锅，炒香洗净的葱、生姜、桂皮、草果、花椒、八角，放入豆瓣酱、辣椒酱，倒入洗净的干辣椒，炒匀。

3 放入鸭肉块，炒匀，倒入啤酒，加入盐、味精、老抽、蚝油，拌匀调味。

4 小火焖20分钟至熟，盛出即成。

茭白烧鸭块

37分钟　增强免疫力

扫一扫看视频

原料： 鸭肉500克，青椒、红椒、茭白各50克，五花肉100克，陈皮5克，香叶2克，八角1个，沙姜2克，生姜、蒜头各10克，葱段6克

调料： 盐、鸡粉各1克，料酒5毫升，生抽10毫升，冰糖15克，食用油适量

做法

1 生姜洗净切厚片；红椒、青椒均洗净，斜刀切圈；茭白洗净切滚刀块；五花肉切厚片，待用。

2 起油锅，爆香姜片、蒜头，放入洗净切块的鸭肉，炒出香味，倒入葱段、五花肉，炒匀。

3 加入料酒、陈皮、香叶、八角、沙姜、冰糖，炒至香味析出，倒入茭白炒匀，注水，加入盐。

4 大火煮开后转小火焖30分钟，倒入青椒、红椒，炒匀，加入鸡粉、生抽，炒匀，盛出即可。

扫一扫看视频

爆炒鸭丝

2分钟 增强免疫力

原料： 鸭胸肉250克，鲜香菇40克，蒜蓉、姜丝、葱段、青椒、红椒、姜片、干辣椒段、桂皮各少许

调料： 豆瓣酱25克，味精、生抽、料酒、水淀粉、食用油各适量

做法

1 青椒、红椒、香菇洗净切细丝；豆瓣酱切碎；锅中倒水，放姜片、干辣椒段、桂皮、鸭胸肉。

2 鸭胸肉煮熟后捞出切细丝，装碗加水淀粉、少许生抽腌渍；锅中换水，加油烧热，放入香菇焯熟捞出。

3 炒锅注油，爆香姜丝、蒜蓉、葱段，倒入青椒、红椒、香菇，炒香，倒入肉丝，炒匀。

4 放入豆瓣酱，淋入适量料酒，翻炒入味，转小火，调入味精、生抽，炒至熟透，盛盘即可。

粉蒸鸭肉

32分钟 益气补虚

原料： 鸭肉350克，水发香菇110克，葱花、姜末各少许

调料： 盐1克，甜面酱30克，蒸肉米粉50克，五香粉5克，料酒5毫升

做法

1 取一个蒸碗，放入鸭肉，加入盐、五香粉，再加入料酒、甜面酱。

2 倒入香菇、葱花、姜末，搅拌匀，倒入蒸肉米粉，搅拌片刻。

3 再放入烧开的蒸锅中，盖上锅盖，大火蒸30分钟至熟透。

4 掀开锅盖，将鸭肉取出，倒扣在盘中，取下碗即可。

酸豆角炒鸭肉

23分钟 养心润肺

原料： 鸭肉500克，酸豆角180克，朝天椒40克，姜片、蒜末、葱段各少许

调料： 盐、鸡粉各3克，白糖4克，料酒10毫升，生抽、水淀粉各5毫升，豆瓣酱10克，食用油适量

做法

1 处理好的酸豆角切段；洗净的朝天椒切圈。

2 锅中注水烧开，倒入酸豆角煮去杂质，捞出；鸭肉倒入沸水锅中，汆去血水，捞出。

3 起油锅，爆香葱段、姜片、蒜末、朝天椒，倒入鸭肉，放入料酒、豆瓣酱、生抽、水炒匀。

4 加酸豆角炒匀，调入盐、鸡粉、白糖，焖20分钟，倒入水淀粉炒匀，装盘即可。

香炒腊鸭

27分钟　增强免疫力

原料： 腊鸭块360克，蒜苗段40克，剁椒30克，姜片少许

调料： 鸡粉2克，生抽、食用油各适量

做法

1 将备好的腊鸭块装于碗中，再加入适量水。

2 将碗放入烧开的蒸锅中，盖上盖子，用大火蒸20分钟，揭盖，把蒸好的腊鸭肉取出。

3 用油起锅，放入姜片，爆香，放入剁椒，炒匀，加入生抽，放入腊鸭肉，炒匀。

4 加盖，用中火焖5分钟，揭盖，放鸡粉、蒜苗，炒匀，盛出装盘即可。

小米椒炒腊鸭

2分钟　开胃消食

原料： 腊鸭块300克，朝天椒30克，香菜25克，蒜末少许

调料： 鸡粉3克，料酒20毫升，豆瓣酱15克，水淀粉、食用油各适量

做法

1 洗好的朝天椒切圈，待用；洗净的香菜切段。

2 锅中注水烧开，倒入腊鸭块，淋入10 毫升料酒，拌匀，汆去多余盐分，捞出。

3 用油起锅，放入蒜末，爆香，放入朝天椒、腊鸭块，快速翻炒匀。

4 淋入10毫升料酒，放入豆瓣酱、鸡粉，炒匀调味，加入水淀粉，翻炒入味，倒入备好的香菜炒匀盛出即可。

滑炒鸭丝

12分钟　清热解毒

扫一扫看视频

原料： 鸭肉160克，彩椒60克，香菜梗、姜末、蒜末、葱段各少许

调料： 盐3克，鸡粉1克，生抽、料酒各4毫升，水淀粉、食用油各适量

做法

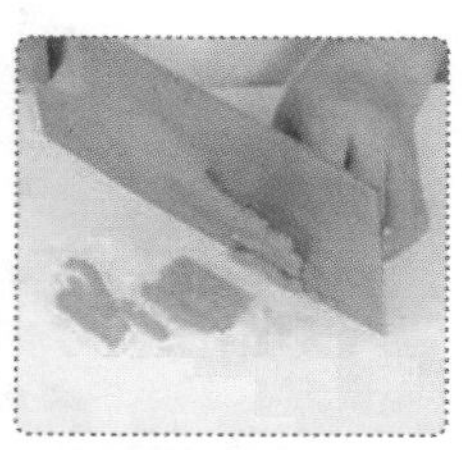

1 将洗净的彩椒切成条；洗好的香菜梗切段；将洗净的鸭肉切片，再切成丝。

2 鸭肉丝装碗，加2毫升生抽、2毫升料酒、1克盐、少许鸡粉、水淀粉抓匀，注油腌渍10分钟至入味。

3 起油锅，爆香蒜末、姜末、葱段，放入鸭肉丝，加入2毫升料酒，炒香，倒入2毫升生抽，炒匀。

4 放入彩椒，炒匀，放入2克盐、少许鸡粉，炒匀，用水淀粉勾芡，放入香菜梗，炒匀，盛出即可。

湘味蒸腊鸭

18分钟　开胃消食

原料： 腊鸭块220克，豆豉20克，蒜末、葱花各少许

调料： 生抽3毫升，辣椒粉10克，食用油适量

做法

1 热锅注油，烧至四成热，倒入腊鸭块，拌匀，用中火炸出香味，捞出，沥干油。

2 用油起锅，爆香蒜末、豆豉，放入辣椒粉，炒出辣味，注水煮沸，淋上生抽，调成味汁。

3 取一个蒸盘，放入腊鸭块摆好，再盛出锅中的味汁浇在盘中，待用。

4 蒸锅上火烧开，放入蒸盘，用中火蒸约15分钟至入味，取出蒸盘，趁热撒上葱花即可。

扫一扫看视频

3分钟

开胃消食

双椒炒腊鸭腿

原料： 腊鸭腿块360克，青椒、红椒各35克，香菜段15克，朝天椒粒20克，蒜苗25克，蒜片、姜片各少许

调料： 盐、鸡粉各2克，白酒10毫升，生抽3毫升，食用油适量

烹饪小提示

在炒制时加入适量的白酒，能够使腊鸭肉的香味更加浓郁。

做法

1 将洗净的青椒切成圈，待用；洗净的红椒切成圈，待用。

2 锅中注入适量水烧开，放入腊鸭腿，汆去多余盐分，把腊鸭腿捞出，沥干水分，待用。

3 用油起锅，放入姜片、蒜片，爆香。

4 倒入腊鸭腿，炒匀，加入朝天椒粒，炒匀，放白酒，略炒。

5 加入生抽，放入适量水，倒入青椒、红椒，炒匀，放入盐、鸡粉，炒匀。

6 倒入蒜苗，炒匀，加香菜，炒匀，将炒好的菜肴盛出装入盘中即可。

扫一扫看视频

腊鸭腿炖黄瓜

24分钟 降低血糖

原料： 腊鸭腿块300克，黄瓜150克，红椒20克，姜片少许

调料： 盐2克，鸡粉3克，胡椒粉、料酒、食用油各适量

做法

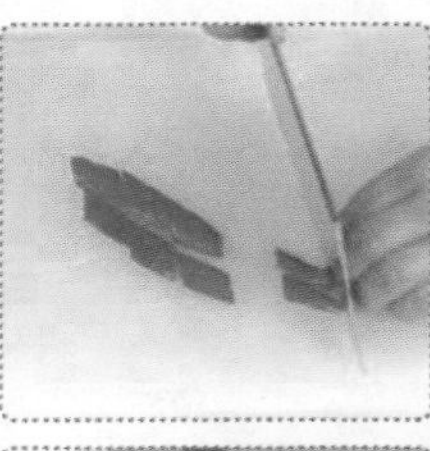

1 洗净的黄瓜横刀切开，去籽，切成块；洗好的红椒切开，去籽，切成片。

2 锅中注水烧开，倒入腊鸭腿，汆片刻，捞出汆好的腊鸭腿，沥干水分。

3 用油起锅，放入姜片，爆香，倒入腊鸭腿，淋入料酒，炒匀，注水，倒入黄瓜，拌匀。

4 小火炖20分钟至熟透，倒入红椒，加入盐、鸡粉、胡椒粉，翻炒入味，盛出装盘即可。

腊鸭焖土豆

18分钟　增强免疫力

原料： 腊鸭块360克，土豆300克，红椒、青椒各35克，洋葱50克，姜片、蒜片各少许

调料： 盐、鸡粉各2克，生抽、料酒各3毫升，老抽2毫升，食用油适量

做法

1 洗净去皮的土豆切小块；洋葱切片；青椒切开，去籽，切片；红椒切开，去籽，切片。

2 用油起锅，放入腊鸭块，略炒，放入姜片、蒜片，炒香，放入生抽、料酒，翻炒匀。

3 加入适量水，放入土豆，放入老抽、盐，盖上盖子，中火焖15分钟。

4 揭盖，放入洋葱、青椒、红椒，炒匀，放鸡粉，炒匀，盛出装碗即可。

韭菜花酸豆角炒鸭胗

3分钟　促进食欲

原料： 鸭胗150克，酸豆角110克，韭菜花105克，油炸花生70克，干辣椒20克

调料： 料酒10毫升，生抽、辣椒油各5毫升，盐、鸡粉各2克，食用油适量

做法

1 择洗好的韭菜花切小段；洗净的酸豆角切成小段；油炸花生拍碎；处理好的鸭胗切粒。

2 锅中注水，大火烧开，倒入鸭胗，淋入5毫升料酒，汆片刻，捞出沥水。

3 热锅注油，爆香干辣椒，倒入鸭胗、酸豆角，炒匀，淋入5毫升料酒、生抽。

4 倒入花生碎、韭菜花，炒匀，加入盐、鸡粉、辣椒油，炒匀调味，盛出即可。

扫一扫看视频

榨菜炒鸭胗

12分钟　开胃消食

原料： 榨菜200克，鸭胗150克，红椒10克，姜片、蒜末各少许

调料： 盐、鸡粉各2克，白糖3克，蚝油4克，食粉少许，料酒5毫升，水淀粉、食用油各适量

做法

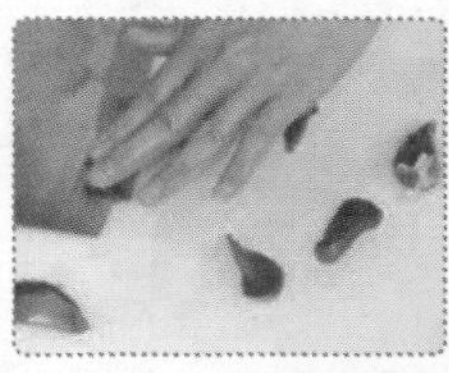

1 洗净的鸭胗切开，去除内膜，切成片；洗好的榨菜切成薄片；洗净的红椒切圈。

2 鸭胗装碗，加食粉、1克盐、1克鸡粉、少许水淀粉拌匀，注油腌渍约10分钟。

3 锅中注水烧开，倒入榨菜，搅匀，焯一会儿，捞出，沥干水分，待用。

4 起油锅，爆香姜片、蒜末，倒入鸭胗炒松散，淋入料酒炒香，倒入榨菜炒匀。

5 放入红椒圈，加1克盐、1克鸡粉、白糖、蚝油炒入味，倒入水淀粉勾芡，盛出即成。

烹饪小提示

鸭胗切片后再切上几处花刀，腌渍时会更容易入味。

辣炒鸭舌

2分钟 强身健体

扫一扫看视频

原料： 鸭舌180克，青椒、红椒各45克，姜末、蒜末、葱段各少许

调料： 料酒18毫升，生抽10毫升，生粉、豆瓣酱各10克，食用油适量

做法

1 洗净的红椒切开，去籽，切小块；洗好的青椒切开，去籽，切小块。

2 沸水锅中倒入洗好的鸭舌，淋入9毫升料酒，汆水捞出，装碗，放入5毫升生抽、生粉，拌匀。

3 热锅注油烧至五成热，倒入鸭舌炸至金黄色，捞出；起油锅，爆香姜末、蒜末、葱段。

4 倒入青椒、红椒翻炒片刻，放入鸭舌，加入豆瓣酱、5毫升生抽、9毫升料酒炒入味，盛出装盘即可。

扫一扫看视频

黄焖仔鹅

7分钟　益气补血

原料： 鹅肉600克，嫩姜120克，红椒1个，姜片、蒜末、葱段各少许

调料： 盐、鸡粉各3克，生抽、老抽各少许，黄酒、水淀粉、食用油各适量

做法

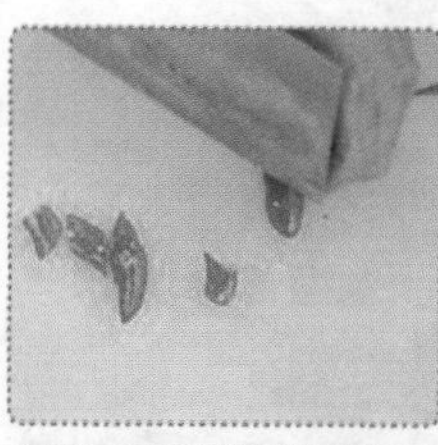

1 将洗净的红椒对半切开，去籽，再切成小块；洗好的嫩姜切成片，待用。

2 锅中注水烧开，放入嫩姜，煮1分钟，捞出；洗净的鹅肉倒入沸水锅中，汆水捞出，待用。

3 起油锅，爆香蒜末、姜片，倒入鹅肉，炒匀，调入生抽、盐、鸡粉、黄酒，注水。

4 放入老抽，炒匀，用小火焖5分钟，拌匀，放入红椒，倒入水淀粉，拌匀，装盘放入葱段即可。

豆豉青椒鹅肠

3分钟　清热解毒

原料： 熟鹅肠200克，青椒30克，红椒15克，豆豉、蒜末、姜片、葱白各适量

调料： 盐2克，味精、鸡粉、蚝油、辣椒酱、料酒、水淀粉、食用油各适量

做法

1 将熟鹅肠切成段；洗好的红椒切成片；青椒切成片。

2 锅置旺火上，注油烧热，倒入蒜末、姜片、葱白、豆豉和鹅肠炒匀。

3 加入料酒，再加入青椒、红椒炒香，倒入辣椒酱炒匀。

4 加入少许水，调入盐、味精、鸡粉、蚝油炒匀，用水淀粉勾芡，炒匀，盛盘即可。

泡菜炒鹅肠

4分钟　增强免疫力

原料： 鹅肠200克，泡菜80克，干辣椒10克，姜片、青蒜各少许

调料： 盐、味精、蚝油、料酒、水淀粉、辣椒油、食用油各适量

做法

1 鹅肠洗净，切段，装入盘中备用。

2 用油起锅，放入姜片煸香，倒入鹅肠，翻炒片刻，加入干辣椒炒香。

3 倒入泡菜，炒约2分钟至鹅肠熟透，加入盐、味精、蚝油、料酒，炒匀调味。

4 放入青蒜梗炒匀，用水淀粉勾芡，撒入青蒜叶拌炒匀，淋入辣椒油炒匀，盛盘即可。

8分钟

强身健体

干锅湘味乳鸽

原料： 乳鸽1只，干辣椒10克，花椒、生姜片、葱段各少许

调料： 盐、味精、蚝油、辣椒酱、辣椒油、料酒、食用油各适量

烹饪小提示

烹饪乳鸽时，可加入姜片和蒜蓉同炒，这样不仅可以去腥，还可起到预防感冒的作用。

做法

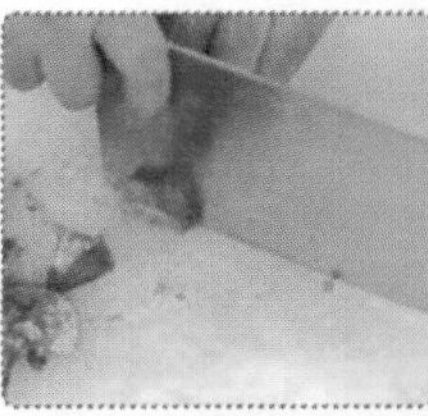

1 将洗净的乳鸽斩成块，待用。

2 起油锅，倒入斩好的鸽肉块，翻炒2～3分钟至熟。

3 倒入备好的生姜片、花椒、干辣椒，翻炒入味。

4 加料酒，拌炒匀，倒入少许水，加盖，焖片刻。

5 揭盖，加入适量盐、味精、蚝油、辣椒酱，拌匀调味。

6 最后淋入适量辣椒油拌匀，撒入葱段翻炒匀，即可出锅。

豆豉荷包蛋

5分钟　保肝护肾

扫一扫看视频

原料： 鸡蛋3个，蒜苗80克，小红椒1个，豆豉20克，蒜末少许

调料： 盐、鸡粉各3克，生抽、食用油各适量

做法

1 将洗净的小红椒切成小圈；洗好的蒜苗切成段。

2 用油起锅，打入一个鸡蛋，翻炒几次煎至成形，放入碗中，按同样方法再煎2个荷包蛋。

3 锅底留油，放入蒜末、豆豉，炒香，加入切好的小红椒、蒜苗，炒匀，放入荷包蛋，炒匀。

4 放入盐、鸡粉、生抽炒匀，盛出炒好的荷包蛋，装入盘中即可。

扫一扫看视频

萝卜干肉末炒鸡蛋

3分钟 养心润肺

原料： 萝卜干120克，鸡蛋2个，肉末30克，干辣椒5克，葱花少许

调料： 盐、鸡粉各2克，生抽3毫升，水淀粉、食用油各适量

做法

1 鸡蛋打入碗中，加入1克盐、1克鸡粉、水淀粉搅散，制成蛋液；洗净的萝卜干切成丁。

2 沸水锅中倒入萝卜丁，焯至变软后捞出；起油锅，倒入蛋液，翻炒一会儿，盛出，待用。

3 锅底留油，放入肉末，炒松散，淋上生抽，放入干辣椒，炒香，倒入萝卜丁，翻炒均匀。

4 放入鸡蛋炒散，加入1克盐、1克鸡粉，翻炒入味，盛出装盘，点缀上葱花即成。

过桥豆腐

15分钟　增强免疫力

原料： 鸡蛋4个，豆腐300克，猪肉30克，红椒、葱花各少许

调料： 盐、鸡粉、料酒、老抽、食用油各适量

做法

1 葱洗净切葱花；红椒洗净切粒；猪肉洗净剁末；鸡蛋打入碗内。

2 鸡蛋分别装入垫有保鲜膜的味碟中，淋入蛋清；整蛋放入蒸锅，蒸熟，取出。

3 剩余鸡蛋加少许盐、鸡粉和温水调匀，装盘入蒸锅蒸至熟，取出，摆上整蛋；沸水锅中加入少许盐、鸡粉，放入豆腐，焯水捞出，放在盘上。

4 肉末、红椒粒入油锅，与料酒、老抽、盐调成酱料，放在豆腐块上，撒上葱花即可。

咸蛋炒茄子

5分钟　降低血脂

原料： 茄子200克，熟咸蛋1个，青椒、红椒各15克，蒜末、葱白各少许

调料： 蚝油、料酒、盐、味精、白糖、鸡粉、老抽、辣椒酱、生粉各适量

做法

1 洗净去皮的茄子切小块，装碗撒上生粉拌匀；青椒、红椒均洗净切片；熟咸蛋去壳，切小块。

2 热锅注油，烧至六成热，放入茄子炸约两分钟至浅黄色，捞出。

3 锅底留油，爆香蒜末、葱白，倒入青椒、红椒炒香，倒入茄子，加入蚝油、料酒、盐、味精、白糖。

4 放入鸡粉、老抽，再放入辣椒酱翻炒匀，加入咸蛋炒匀，盛盘即可。

扫一扫看视频

葱花鸭蛋

2分钟　美容养颜

原料： 鸭蛋2个，葱花少许

调料： 盐2克，鸡粉、水淀粉、食用油各适量

做法

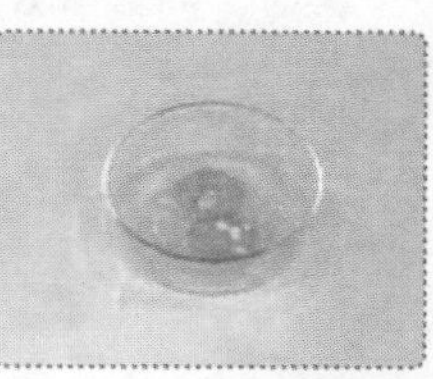

1 将备好的鸭蛋打入碗中，再加入盐、鸡粉。

2 淋入适量水淀粉，打散、搅匀，再放入葱花，搅拌匀，制成蛋液，待用。

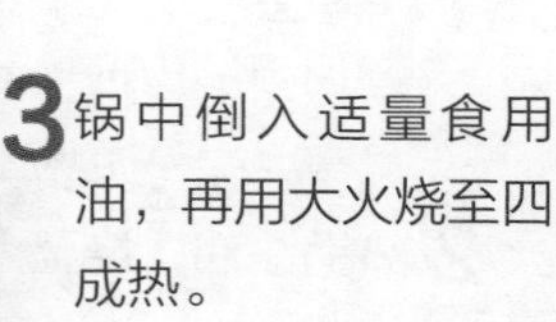

3 锅中倒入适量食用油，再用大火烧至四成热。

4 倒入备好的蛋液，拌炒匀，再翻炒一会儿，至食材熟透。

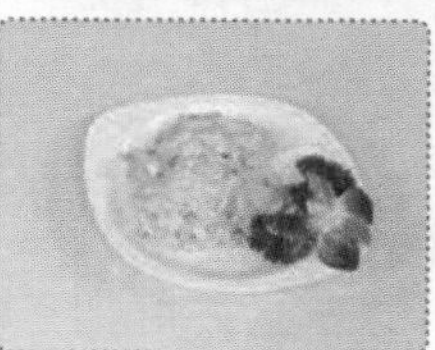

5 关火后盛出炒好的鸭蛋，装在盘中即成。

烹饪小提示

翻炒鸭蛋的时候，宜改用中小火，以免将其炒老了。

剁椒皮蛋蒸土豆

原料： 皮蛋2个，土豆200克，剁椒15克，蒜蓉5克，葱花2克

调料： 盐、鸡粉各2克，芝麻油适量

做法

1 将洗净去皮的土豆切开，再切片；去壳的皮蛋切小瓣。

2 把土豆装在碗中，撒上蒜蓉，加盐、鸡粉，放入剁椒，搅拌一会儿至盐分溶化。

3 转到蒸盘中，铺放整齐，再放入切好的皮蛋，摆好盘。

4 备好电蒸锅，烧开水后放入蒸盘，蒸约10分钟至熟，取出趁热淋入芝麻油，撒上葱花即可。

17分钟

增高助长

鹌鹑蛋烧板栗

原料： 熟鹌鹑蛋120克，胡萝卜80克，板栗肉70克，红枣15克

调料： 盐、鸡粉各2克，生抽5毫升，生粉15克，水淀粉、食用油各适量

烹饪小提示

熟鹌鹑蛋的表皮很嫩，炸的时候要选用中小火，以免炸煳。

做法

1 将熟鹌鹑蛋放入碗中，淋入生抽，再撒上生粉，拌匀待用。

2 把去皮洗净的胡萝卜切开，再切成滚刀块；洗好的板栗肉切成小块。

3 热锅注油烧至四成热，下入鹌鹑蛋炸至呈虎皮状，倒入板栗，炸至水分全干，捞出食材。

4 用油起锅，注水，倒入洗净的红枣、胡萝卜块，放入炸过的食材，拌匀，加入盐、鸡粉。

5 盖上锅盖，煮沸后用小火焖约15分钟至全部食材熟透。

6 揭盖，转用大火，翻炒至汤汁收浓，淋入水淀粉勾芡，盛入碗中即成。

PART 06 鲜香味美的水产

水产食材是餐桌上的“常青树”，而湘式烹饪将它们包装得更加精致、耀眼、与众不同。湘菜大师善于烹饪水产，巧用剁椒、豆豉、尖椒、豆瓣酱等原料，轻松搞定传统烹饪难以驾驭的鱼头、鱼尾、鱼骨等部位，使其成品鲜味、美味、营养并存。如果想了解湘菜，想学经典易做的水产佳肴，那么本部分所精选的菜例绝对不容错过。

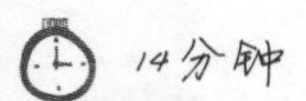

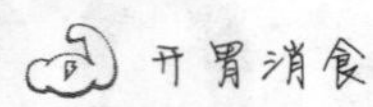

辣蒸鲫鱼

原料：净鲫鱼350克，红椒35克，姜片15克，葱丝、姜丝、葱段各少许

调料：盐3克，胡椒粉少许，蒸鱼豉油、食用油各适量

烹饪小提示

鲫鱼切花刀时可以切得稍微深一些，这样在烹饪时更易蒸入味。

做法

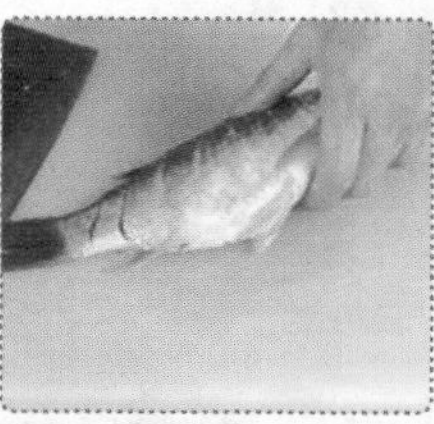

1 将处理干净的鲫鱼切上花刀；洗净的红椒切开，去籽，再切丝，改切丁。

2 把切好的鲫鱼放在盘中，撒上盐、胡椒粉，倒入食用油，腌渍一会儿，待用。

3 取一蒸盘，铺上葱段，放入腌渍好的鲫鱼，撒上红椒丁、姜片，摆好。

4 蒸锅上火烧开，放入蒸盘，盖上盖，用大火蒸约8分钟至食材熟透。

5 关火后揭盖，取出蒸盘，拣去姜片，撒上葱丝、姜丝。

6 浇上热油，淋入蒸鱼豉油即可。

紫苏烧鲫鱼

14分钟　增强免疫力

扫一扫看视频

原料： 鲫鱼170克，紫苏叶15克，姜片少许

调料： 盐、白糖、鸡粉各1克，豆瓣酱20克，料酒、水淀粉各5毫升，食用油适量

做法

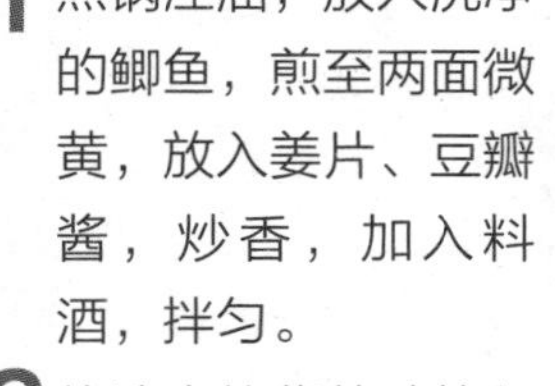

1 热锅注油，放入洗净的鲫鱼，煎至两面微黄，放入姜片、豆瓣酱，炒香，加入料酒，拌匀。

2 锅中注入适量清水，再加入盐、白糖调味，盖上锅盖，用大火焖10分钟至鲫鱼熟软。

3 将洗净的紫苏叶放入锅中，稍煮一会儿至紫苏叶熟透，加入鸡粉、水淀粉调味。

4 炒至入味、收汁，关火后盛出焖好的鲫鱼，装盘即可。

扫一扫看视频

酱烧武昌鱼

15分钟 健脾止泻

原料： 武昌鱼650克，红彩椒30克，姜末、蒜末、葱花各少许

调料： 盐3克，胡椒粉2克，白糖1克，黄豆酱30克，陈醋、水淀粉各5毫升，料酒10毫升，食用油适量

做法

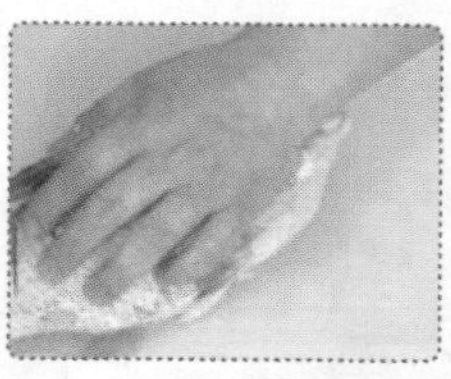

1 红彩椒洗净去籽，切丁；洗净的武昌鱼划一字花刀，加1克盐、胡椒粉、料酒腌渍。

2 热锅注油，放入腌好的武昌鱼，煎约1分钟至两面微黄，盛出，装盘待用。

3 另起一锅，注油烧热，放入姜末、蒜末、黄豆酱炒香，锅中倒入适量水。

4 放入武昌鱼，加2克盐、白糖、陈醋拌匀，用小火焖10分钟至熟软，盛出。

5 将红彩椒、水淀粉、食用油、葱花加入锅中的汤汁里，拌成酱汁，浇在鱼上即可。

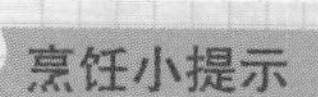

因为黄豆酱本身就有咸味，所以烹饪时可以少放一些盐。

豉油清蒸武昌鱼

14分钟　健脾止泻

原料： 武昌鱼680克，葱段、姜片、葱丝、红彩椒丝各少许

调料： 盐3克，料酒10毫升，蒸鱼豉油15毫升，食用油适量

做法

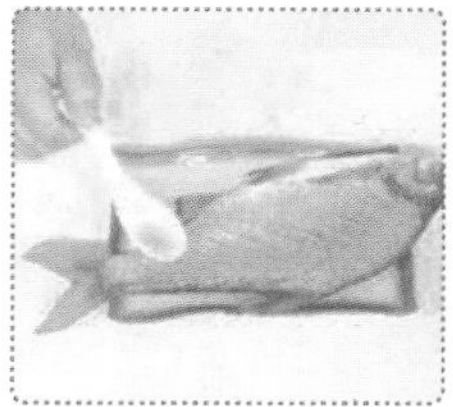

1 武昌鱼处理干净，两面划几道一字花刀，装盘，往两面鱼身上撒盐，抹匀，再淋入料酒，去除腥味。

2 将葱段、姜片塞入鱼肚里，用一双筷子交叉撑起武昌鱼以防蒸制时鱼皮粘盘。

3 蒸锅注水烧开，放入武昌鱼，用大火蒸12分钟至其熟透，将鱼取出，放入备好的盘中。

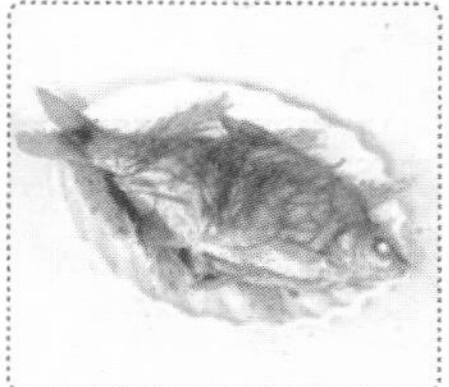

4 将葱丝、红彩椒丝撒在鱼身上，浇上烧好的热油，淋上蒸鱼豉油即可。

扫一扫看视频

剁椒武昌鱼

10分钟 开胃消食

原料： 武昌鱼650克，剁椒60克，姜块、葱段、葱花、蒜末各少许

调料： 鸡粉1克，白糖3克，料酒5毫升，食用油15毫升

做法

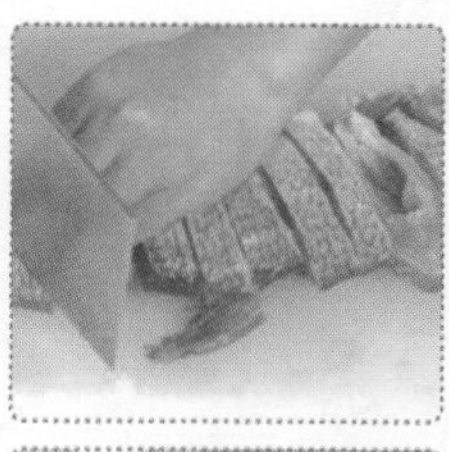

1 处理干净的武昌鱼切段；盘中放入姜块、葱段，鱼头摆在盘子边缘，鱼段摆成孔雀开屏状。

2 备一碗，倒入剁椒，加入料酒、白糖、鸡粉、10毫升食用油，拌匀，淋在武昌鱼身上。

3 蒸锅注水烧开，放上武昌鱼，加盖，用大火蒸8分钟至熟。

4 揭盖，取出蒸好的武昌鱼，撒上蒜末、葱花，浇上5毫升热油即可。

豉椒蒸鲳鱼

13分钟 提神健脑

原料：鲳鱼500克，豆豉20克，剁椒30克，姜末、蒜末、葱花各少许

调料：白糖4克，鸡粉2克，生粉10克，盐、生抽、老抽、芝麻油、食用油各适量

做法

1 将处理干净的鲳鱼两面切上花刀，装入盘中；豆豉剁碎，待用。

2 用油起锅，炒香姜末、蒜末、豆豉，放入剁椒、白糖、生抽、盐、老抽炒匀，盛出味料，装碗。

3 碗中加入生粉、食用油、芝麻油、鸡粉，拌匀，铺在鲳鱼上。

4 将鲳鱼放入烧开的蒸锅中，大火蒸10分钟至熟透，取出，撒上葱花，浇上少许熟油即成。

香煎鲳鱼

21分钟 提神健脑

原料：鲳鱼300克，姜片7克，红椒末、葱条、葱花各少许

调料：盐3克，味精2克，白糖5克，鸡粉、料酒、生抽、食用油各适量

做法

1 切好的鲳鱼块装碗，加盐、1克味精、鸡粉、少许生抽、料酒、姜片、葱条拌匀，腌渍15分钟。

2 热锅注油，放入腌渍好的鲳鱼，煎约2分钟至其焦黄，翻面，继续煎至另一面着色。

3 撒入红椒末，加入白糖、生抽、1克味精，加盖，焖2～3分钟至熟。

4 揭盖，撒入葱花，拌炒匀，出锅装盘即可。

扫一扫看视频

剁椒蒸鲤鱼

9分钟　健脾止泻

原料： 鲤鱼500克，剁椒60克，姜片、葱花各少许

调料： 鸡粉3克，生抽、生粉各少许，芝麻油、食用油各适量

做法

1 在处理干净的鲤鱼表面打上一字花刀，装入盘中。

2 剁椒装碗，放入鸡粉、生抽、生粉，加入芝麻油、食用油，拌匀，淋在鱼身上，放上姜片。

3 将鲤鱼放入烧开的蒸锅中，盖上盖，用大火蒸8分钟至熟。

4 将蒸好的鲤鱼取出，撒上葱花，浇上少许热油即可。

洋葱辣椒炒鱼丝

7分钟 美容养颜

原料： 草鱼500克，洋葱60克，青椒70克，红椒20克，姜丝、蒜末、葱段各少许

调料： 豆瓣酱10克，料酒10毫升，盐、鸡粉、水淀粉、食用油各适量

做法

1. 洋葱去皮洗净，切丝；青椒、红椒均洗净切细丝；草鱼洗净，取鱼肉切丝。
2. 鱼肉丝装碗，加少许盐、鸡粉、水淀粉、食用油腌渍约5分钟；腌渍好的鱼肉丝入油锅滑油至转色，捞出。
3. 用油起锅，爆香姜丝、蒜末、葱段，倒入青椒、红椒、洋葱、鱼肉丝炒匀。
4. 淋入料酒炒匀，加盐、鸡粉、豆瓣酱，炒至入味，倒入水淀粉勾芡，盛盘即成。

野山椒蒸草鱼

22分钟 增强免疫力

原料： 草鱼300克，野山椒20克，姜丝、姜末、蒜末、葱丝、红椒丝各少许

调料： 盐、味精、料酒、蒸鱼豉油、食用油各适量

做法

1. 野山椒切碎，装盘，加入姜末、蒜末，再加入盐、味精、料酒，拌匀。
2. 将调好的野山椒末，放在洗净的草鱼肉上，腌渍10分钟入味。
3. 将腌好的草鱼放入蒸锅中，用大火蒸约10分钟至熟透，将草鱼取出。
4. 撒入姜丝、红椒丝、葱丝；另起一锅，注油烧热，将热油淋在草鱼上，再浇入少许蒸鱼豉油即成。

扫一扫看视频

啤酒焖酥鱼

19分钟　开胃消食

原料： 草鱼肉300克，青椒20克，红椒15克，姜片、蒜末、葱段各少许

调料： 盐、鸡粉各4克，啤酒150毫升，老抽2毫升，生抽8毫升，水淀粉、料酒各4毫升，食粉、食用油各适量

做法

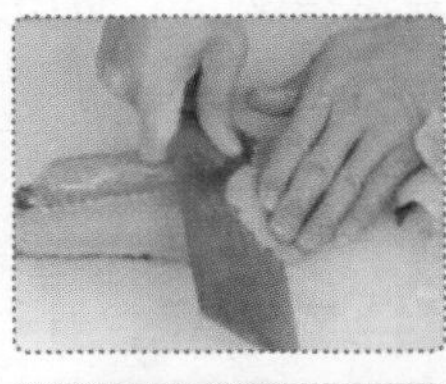

1 红椒、青椒均对半切开，去籽，再切成小块；用斜刀将草鱼肉切成片，装入碗中。

2 碗中放入料酒和少许的盐、鸡粉、生抽，拌匀，加适量食粉搅匀，腌渍10分钟。

3 用油起锅，烧至六成热，放入鱼肉片，用筷子不时搅拌，炸约6分钟，捞出。

4 锅留底油，爆香姜片、蒜末、青椒和红椒，倒入约一半的啤酒，加鱼肉片炒匀。

5 加生抽、鸡粉、盐、老抽炒匀，放入剩余的啤酒、葱段、水淀粉炒匀，盛出即可。

烹饪小提示

腌渍鱼肉的时候，还可以加入少许胡椒粉和白酒，这样能更好地去腥提鲜。

剁椒蒸鱼尾

10分钟 开胃消食

原料：草鱼尾、西蓝花各300克，剁椒50克，姜末、红椒末、葱花各少许

调料：盐3克，味精、鸡粉、芝麻油、生粉、胡椒粉、食用油各适量

做法

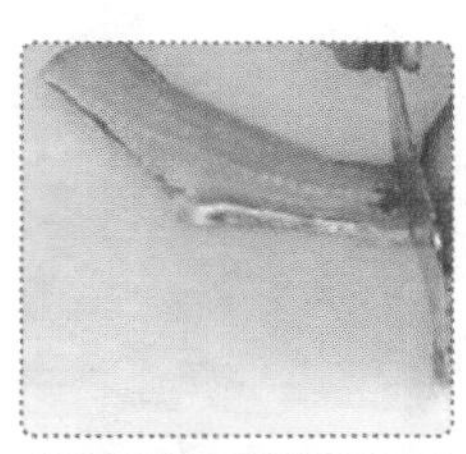

1 鱼尾取骨，斩成长块；鱼尾肉切长块，摆入盘中；洗净的西蓝花切瓣。

2 剁椒加味精、鸡粉、红椒末、姜末、生粉、芝麻油拌匀，淋在鱼尾上。

3 鱼尾入蒸锅蒸7~8分钟至熟后取出；锅中加水烧热，加盐、西蓝花、少许食用油，煮约1分钟后捞出。

4 用西蓝花围边，撒上葱花、胡椒粉，浇上适量热油即可。

扫一扫看视频

红烧草鱼段

原料： 草鱼350克，红椒15克，姜片、蒜末、葱白各少许

调料： 盐、白糖各3克，豆瓣酱10克，料酒、生抽各4毫升，鸡粉、老抽、水淀粉、味精、生粉、食用油各适量

做法

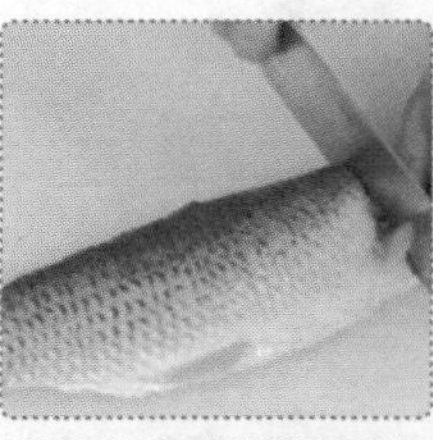

1 洗净的红椒切开去籽，切成小块；处理干净的草鱼切下鱼头，将鱼身切成块。

2 将鱼块装入盘中，加1克盐、鸡粉、2毫升生抽、生粉腌渍10分钟，再入油锅炸熟，捞出。

3 锅底留油，爆香姜片、蒜末、葱白、红椒，加入适量水、料酒、2毫升生抽、老抽、2克盐、味精拌匀。

4 将白糖、豆瓣酱加入锅中炒匀，倒入鱼块，煮约2分钟，淋入水淀粉，炒至入味，盛出即可。

鲜笋炒生鱼片

10分钟　增强免疫力

原料： 竹笋200克，生鱼肉180克，彩椒40克，姜片、蒜末、葱段各少许

调料： 盐3克，鸡粉5克，少许的水淀粉和料酒、食用油各适量

做法

1 竹笋洗净切丝；彩椒洗净切小块；生鱼肉洗净切片，加1克盐、1克鸡粉、少许水淀粉和油腌渍。

2 锅中注水烧开，放入1克盐、2克鸡粉，倒入竹笋，煮约2分钟至其八成熟后，捞出。

3 用油起锅，爆香蒜末、姜片、葱段，倒入彩椒、鱼片，翻炒片刻，淋入料酒，炒香。

4 放入竹笋，加1克盐、2克鸡粉，炒匀调味，倒入水淀粉，拌炒均匀，盛出装盘即可。

剁椒蒸福寿鱼

12分钟　促进食欲

原料： 净福寿鱼500克，剁椒40克，葱花少许

调料： 鸡粉2克，生粉20克，料酒6毫升，食用油适量

做法

1 在福寿鱼鱼身两面切上花刀；剁椒装碗，加入鸡粉、生粉、少许食用油拌匀，制成味汁，待用。

2 取一个干净的盘子，放入福寿鱼，淋入料酒，再倒入备好的味汁。

3 蒸锅上火烧开，放入装有福寿鱼的盘子，盖上盖，用大火蒸约10分钟至食材熟透。

4 将蒸熟的食材从锅中取出，撒上葱花，再浇上少许热油即成。

红烧腊鱼

7分钟 开胃消食

原料： 腊鱼块350克，生粉30克，花椒、桂皮各适量，姜片、葱段各少许

调料： 白糖3克，料酒、生抽各3毫升，胡椒粉少许，食用油适量

做法

1 锅中注水烧开，放入腊鱼块汆去杂质，捞出，装碗，再加生粉，拌匀。

2 热锅注油烧至四五成热，放入腊鱼块，炸至焦黄色，捞出，沥干油分。

3 用油起锅，爆香花椒、桂皮、姜片，淋入料酒，放入腊鱼块炒匀。

4 将生抽淋入锅中，加适量水，放白糖、胡椒粉拌匀，用中火焖2分钟，放入葱段炒匀后，盛出即可。

湘味腊鱼

17分钟 开胃消食

原料： 腊鱼500克，朝天椒、泡椒、姜丝各20克

调料： 食用油适量

做法

1 将洗净的腊鱼斩块；朝天椒切圈；泡椒切成碎。

2 锅中注水烧开，倒入腊鱼肉，煮沸后捞出；另起一锅，注油烧热，倒入腊鱼滑油片刻，捞出。

3 将腊鱼装入盘中，撒上泡椒、朝天椒、姜丝，放入备好的蒸锅中。

4 盖上盖，用中火蒸15分钟后，将蒸好的腊鱼取出，淋入少许熟油即成。

豆豉蒸腊鱼

23分钟　开胃消食

原料： 腊鱼150克，豆豉5克，葱花3克，姜丝4克

调料： 食用油适量

做法

1 将腊鱼放入装有温水的碗中，去除多余盐分，取出，沥干水分，放入盘中。

2 热锅注油烧热，倒入豆豉爆香，将炒好的豆豉油浇在腊鱼上，再摆上姜丝。

3 电蒸锅注水烧开，放入腊鱼，盖上盖，调转旋钮定时20分钟。

4 待20分钟后，将腊鱼取出，撒上备好的葱花即可。

扫一扫看视频

20分钟

保护视力

剁椒蒸鲈鱼

原料： 净鲈鱼300克，剁椒45克，姜片、葱花各少许

调料： 盐3克，鸡粉2克，生粉15克，料酒5毫升，水淀粉、食用油各适量

烹饪小提示

鱼骨入盘前用食用油抹匀，这样蒸熟后能避免黏附鱼肉。

做法

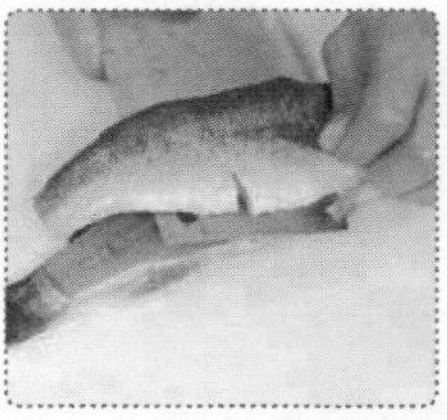

1 将鲈鱼由尾部切开，用横刀切去鱼肉，留鱼骨待用，再把鱼肉用斜刀切成片。

2 鲈鱼片装碗，加入1克盐、1克鸡粉、水淀粉、姜片拌匀，去除鱼腥味，加入少许食用油腌渍约10分钟。

3 将剁椒装入碗中，倒入生粉，加入1克鸡粉，注入少许食用油，搅拌均匀，制成味汁。

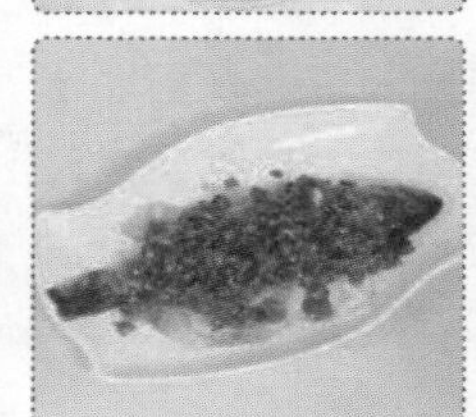

4 取一个干净的蒸盘，摆好鱼骨，撒上2克盐，淋入料酒，放上腌渍好的鱼片，放入味汁铺匀。

5 蒸锅上火烧开，放入装有鱼片的蒸盘，盖上盖，用大火蒸约8分钟至熟透。

6 关火后，将蒸好的鲈鱼取出，趁热撒上葱花，最后淋上少许热油即可。

豉汁蒸鲈鱼

9分钟　健脾补气

扫一扫看视频

原料： 鲈鱼500克，豆豉25克，红椒丝10克，葱丝、姜丝各少许

调料： 料酒10毫升，盐3克，生抽、食用油各适量

做法

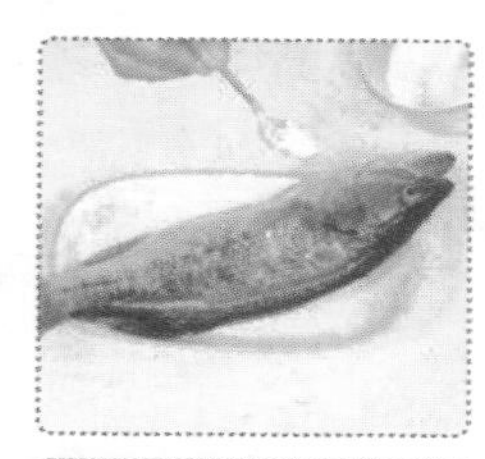

1 处理好的鲈鱼背上划上一字花刀，在鱼身上放上料酒、盐，涂抹均匀。

2 蒸锅上火烧开，放上鲈鱼，盖上盖，中火蒸2分钟后揭盖，将豆豉撒在鱼身上。

3 盖上盖，用中火续蒸6分钟至熟，将鲈鱼从蒸锅中取出。

4 将鲈鱼移至大盘中，放上姜丝、葱丝、红椒丝，浇上热油，再淋上生抽即可。

酱香开屏鱼

11分钟　促进食欲

原料： 鲈鱼700克，香葱15克，红椒10克，姜丝、红枣各少许

调料： 黄豆酱5克，蒸鱼豉油15毫升，盐2克，料酒8毫升，食用油适量

做法

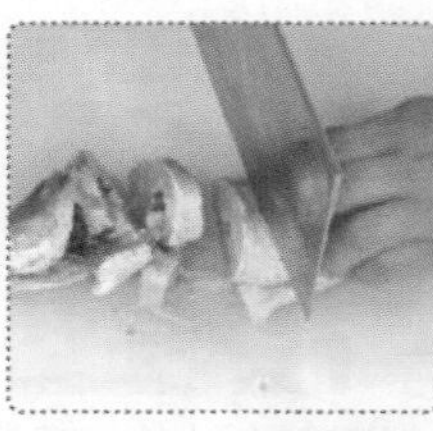

1 香葱洗净捆好，切细丝；红椒洗净切圈；鲈鱼洗净切小段，鱼头装盘，将红枣放入鱼嘴里。

2 将鱼块摆成孔雀尾状，撒上盐、姜丝、料酒；将蒸鱼豉油倒入黄豆酱内，搅匀成酱汁。

3 蒸锅上火烧开，放入鲈鱼，盖上盖，用大火蒸10分钟至熟后将鱼取出，拣去多余姜丝。

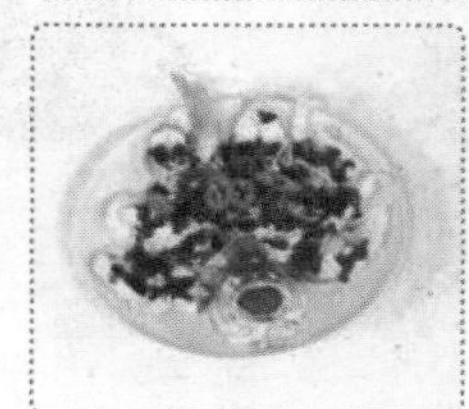

4 浇上黄豆酱汁，放入葱丝、红椒圈，浇入适量热油即可。

剁椒酸菜蒸鳕鱼

12分钟 开胃消食

原料： 鳕鱼肉300克，剁椒20克，酸菜100克，香菜碎3克

调料： 盐3克，料酒8毫升，蒸鱼豉油10毫升，食用油适量

做法

1 把洗净的鳕鱼肉放盘中，用盐和料酒抹匀两面，腌渍一会儿；洗好的酸菜切碎。

2 用油起锅，倒入切好的酸菜，炒匀炒香，关火后盛出，装在蒸盘中，铺平。

3 放上鳕鱼肉，摆放整齐，撒上剁椒，再放入烧开的电蒸锅中，盖上盖。

4 蒸约8分钟，至食材熟透后，取出蒸盘，浇蒸鱼豉油，点缀上香菜碎即可。

野山椒末蒸秋刀鱼

10分钟 降压降糖

原料： 净秋刀鱼190克，泡小米椒45克，红椒圈15克，蒜末、葱花各少许

调料： 鸡粉2克，生粉12克，食用油适量

做法

1 在秋刀鱼的两面都切上花刀；泡小米椒切碎，再剁成末，放入碗中。

2 碗中加入蒜末，放入鸡粉、生粉、少许食用油拌匀，制成味汁，待用。

3 取蒸盘摆上秋刀鱼，放入味汁，铺匀，撒上红椒圈，再放入烧开的蒸锅中。

4 盖上盖，大火蒸约8分钟至熟透后，取出蒸盘，趁热撒上葱花，淋上少许热油即成。

扫一扫看视频

红烧鲅鱼

18分钟　益气补血

原料： 鲅鱼肉300克，彩椒15克，姜片、葱段各少许

调料： 盐3克，鸡粉2克，料酒4毫升，五香粉4克，生粉20克，老抽2毫升，生抽、陈醋各5毫升，水淀粉、白糖、食用油各适量

做法

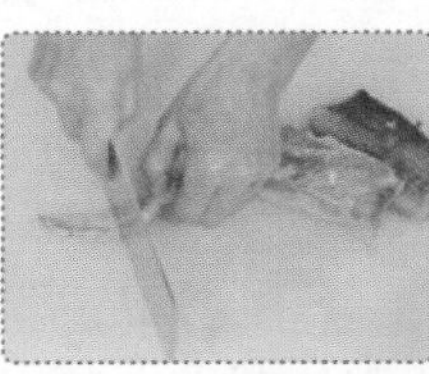

1 彩椒洗净切块；鲅鱼肉斩小块，装碗加1克盐、2毫升料酒、2克五香粉、生粉腌渍。

2 热锅注油烧至六成热，放入鱼块，拌匀，中火炸约3分钟至色泽金黄，捞出。

3 锅留底油，爆香姜片、葱段，加鱼块、2毫升料酒炒香，加适量水、2克盐、鸡粉拌匀。

4 将白糖、老抽、生抽加入锅中调味，下彩椒炒匀，盖上盖，烧开后小火炸约5分钟。

5 将2克五香粉撒入锅中，淋入陈醋炒匀，撒上葱段，倒入水淀粉勾芡，盛出即可。

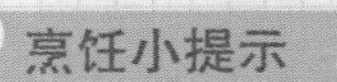

烹饪小提示

鲅鱼肉质较硬，烹饪过程中可以适量多放些清水。

湘味蒸带鱼

13分钟　美容养颜

扫一扫看视频

原料： 带鱼肉180克，剁椒35克，姜片、蒜末、葱花各少许

调料： 鸡粉少许，蚝油7克，蒸鱼豉油、食用油各适量

做法

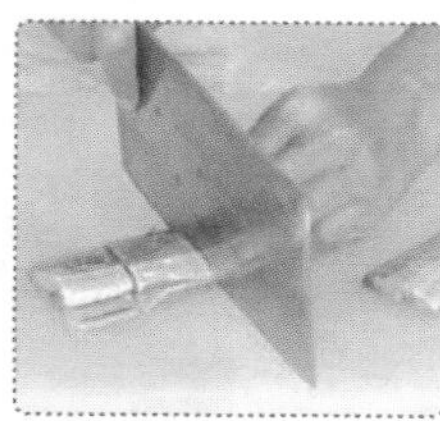

1 将洗净的带鱼肉切成段，备用。

2 剁椒装碗，加入姜片、蒜末、鸡粉、蚝油、食用油、蒸鱼豉油，拌匀，制成辣酱汁，备用。

3 取蒸盘，放入鱼块，摆放整齐，再浇上辣酱汁，铺匀，放入烧开的蒸锅中。

4 盖上盖，用大火蒸约10分钟至食材熟透后，待蒸气散开，取出蒸盘，点缀上葱花即可。

扫一扫看视频

梅菜腊味蒸带鱼

12分钟 益气补血

原料：带鱼130克，水发梅干菜90克，红椒、青椒各35克，腊肠60克，蒜末少许

调料：老干妈辣椒酱20克，料酒5毫升，生抽4毫升，盐2克，白糖4克，食用油适量

做法

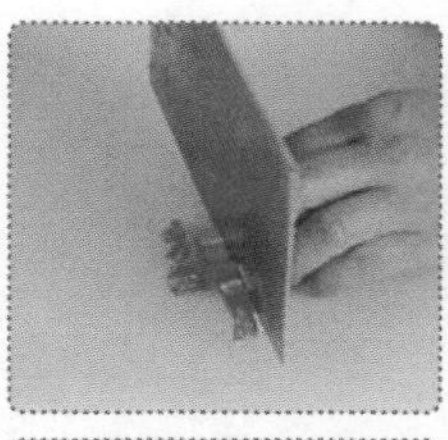

1 红椒、青椒均洗净去籽，切粒；腊肠切丁；梅干菜对半切开；处理好的带鱼切上一字花刀。

2 取一个盘子，铺上梅干菜、带鱼；取一个碗，倒入腊肠、红椒、青椒、蒜末，搅拌均匀。

3 将老干妈辣椒酱、料酒、生抽、盐、白糖、食用油加入碗中，搅拌均匀后浇在带鱼上。

4 蒸锅上火烧开，放入带鱼，盖上盖，用大火蒸10分钟至熟透，取出即可。

剁椒鱿鱼丝

12分钟 益气补血

原料： 鱿鱼300克，蒜薹90克，红椒35克，剁椒40克

调料： 盐2克，鸡粉3克，料酒13毫升，生抽4毫升，水淀粉5毫升，食用油适量

做法

1 蒜薹洗净切段；红椒洗净去籽，切条；鱿鱼切丝，装碗，加盐、1克鸡粉、6毫升料酒拌匀，腌渍至入味。

2 锅中注入适量水烧开，倒入鱿鱼丝，搅散，煮至变色，捞出。

3 用油起锅，放入鱿鱼丝炒匀，淋入7毫升料酒提鲜,放红椒、蒜薹、剁椒炒匀。

4 加入生抽、2克鸡粉，炒匀调味，倒入水淀粉，翻炒片刻，盛出炒好的菜肴，装盘即可。

豉汁炒鲜鱿鱼

12分钟 增强免疫力

原料： 鱿鱼180克，彩椒50克，红椒25克，豆豉、姜片、蒜末、葱段各少许

调料： 盐3克，鸡粉2克，生粉10克，老抽2毫升，料酒4毫升，生抽6毫升，水淀粉、食用油各适量

做法

1 彩椒、红椒均洗净切小块；鱿鱼洗净切片，装碗加1克盐、1克鸡粉、2毫升料酒、生粉腌渍至入味。

2 鱿鱼入沸水锅中汆至卷起后捞出。

3 起油锅，爆香豆豉、姜片、蒜末、葱段，倒入彩椒、红椒、鱿鱼，炒匀，淋入2毫升料酒，加入生抽、老抽。

4 加入2克盐、1克鸡粉调味，倒入水淀粉勾芡，炒至熟透，盛出即成。

扫一扫看视频

脆炒鱿鱼丝

12分钟　降低血脂

原料： 净鱿鱼90克，竹笋40克，红椒25克，姜末、蒜末、葱末各少许

调料： 盐3克，鸡粉2克，生抽2毫升，水淀粉、食用油各适量

做法

1 竹笋洗净去皮，切丝；红椒洗净去籽，切丝；鱿鱼切丝，加1克盐、1克鸡粉、少许的水淀粉和食用油腌渍。

2 锅中注水烧开，加入1克盐，放入竹笋煮半分钟，捞出；鱿鱼入沸水锅中汆至转色，捞出。

3 用油起锅，爆香姜末、蒜末、葱末，放入红椒丝，翻炒片刻，倒入鱿鱼，翻炒均匀。

4 将竹笋倒入锅中，放入生抽、1克鸡粉、1克盐，炒至入味，加入水淀粉，炒匀，盛出装盘即可。

爆炒墨鱼须

5分钟　益气补血

原料： 墨鱼须300克，干辣椒45克，姜丝、蒜末、葱段各少许

调料： 辣椒酱30克，盐3克，味精、葱姜酒汁、蚝油、水淀粉、辣椒油、芝麻油、食用油各适量

做法

1 墨鱼须洗净切小段，装碗，加盐、味精、葱姜酒汁，拌匀入味，腌渍片刻。

2 用油起锅，烧至四成热，放入墨鱼须，改小火炸至熟，捞出沥油备用。

3 锅底留油，爆香姜丝、蒜末，倒入干辣椒、辣椒酱炒匀，倒入墨鱼须拌匀。

4 放入蚝油调味，加水淀粉勾芡，淋入辣椒油和芝麻油，撒入葱段，炒匀，盛盘即成。

豉椒墨鱼

12分钟　美容养颜

原料： 墨鱼200克，红椒45克，青椒35克，芹菜50克，豆豉、姜片、蒜末、葱段各少许

调料： 盐、鸡粉各4克，料酒15毫升，水淀粉10毫升，生抽4毫升，食用油适量

做法

1 墨鱼洗净切片；红椒、青椒均洗净切块；芹菜洗净切段；墨鱼加盐、鸡粉、料酒、水淀粉腌渍。

2 沸水锅中加油，放入青椒、红椒，煮至断生捞出；墨鱼入沸水锅中汆至变色，捞出。

3 起油锅，爆香姜片、蒜末、葱段、豆豉，倒入墨鱼，炒匀，淋入9毫升料酒，炒入味。

4 放入青椒、红椒、芹菜炒匀，加盐、鸡粉、生抽调味，倒入5毫升水淀粉勾芡即可。

火焙鱼焖黄芽白

5分钟　清热解毒

原料： 火焙鱼100克，大白菜400克，红椒1个，姜片、葱段、蒜末各少许

调料： 盐、鸡粉各3克，料酒、生抽各少许，水淀粉、食用油各适量

做法

1 红椒洗净，去籽，再切小块；大白菜洗净去菜心，再切小块。

2 沸水锅中加1克盐、少许食用油、大白菜，略煮捞出；火焙鱼入油锅略炸捞出。

3 锅留底油，炒香姜片、葱段、蒜末、红椒，放入火焙鱼炒匀，加入料酒、生抽调味。

4 将大白菜倒入锅中，加水炒匀，放入2克盐、鸡粉调味，焖1分钟，淋入水淀粉炒匀后，盛出即可。

韭菜花炒小鱼干

3分钟　开胃消食

原料： 小鱼干40克，韭菜花300克，姜片、蒜末、红椒丝各少许

调料： 盐、白糖各3克，味精2克，水淀粉10毫升，生抽、料酒、食用油各适量

做法

1 将洗净的韭菜花切成约3厘米长段。

2 热锅注油，烧至五成熟，倒入鱼干，炸片刻后捞出。

3 锅底留油，爆香姜片、蒜末，放入鱼干、料酒炒匀，加白糖、生抽炒匀。

4 倒入韭菜花、红椒丝，炒约1分钟至熟，加盐、味精，炒匀，加水淀粉勾芡，加熟油炒匀，盛出即可。

椒盐小鱼干

2分钟　开胃消食

扫一扫看视频

原料： 小鱼干100克，红椒15克，蒜末、葱花各少许

调料： 味椒盐4克，鸡粉2克，料酒、辣椒油各5毫升，食用油适量

做法

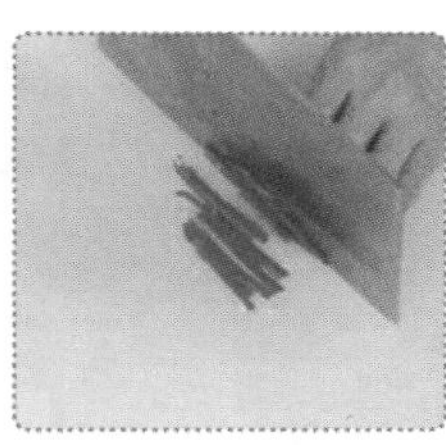

1 洗净的红椒切小段，切开，去籽，切成细丝，再将红椒丝改切成粒状，备用。

2 锅中注油，烧至五成热，倒入洗好的小鱼干，炸约半分钟。

3 锅底留油，烧热后倒入红椒粒，加入味椒盐、蒜末、葱花，大火爆香。

4 放入小鱼干，淋入料酒，加入鸡粉，炒匀调味，倒入辣椒油，炒至入味后盛出即可。

扫一扫看视频

5分钟

增强免疫力

小鱼干炒茄丝

原料： 茄子150克，小鱼干30克，蒜末、葱白各少许

调料： 盐3克，生抽3毫升，水淀粉10毫升，豆瓣酱10克，鸡粉、食用油各适量

烹饪小提示

茄子切开后应放入水中浸泡，使其不被氧化，保持茄子的本色。

做法

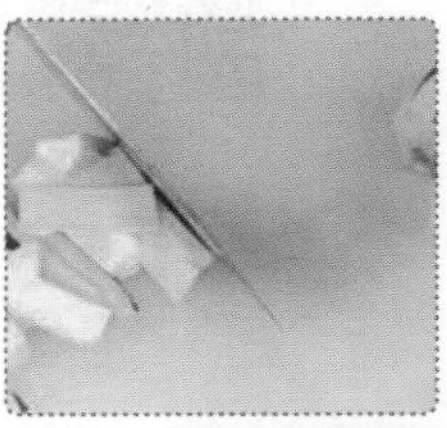

1 将去皮洗净的茄子切成段，再切成条。

2 把茄子条放入碗中，加水浸泡备用。

3 热锅注油烧至五成热，倒入茄子，炸约2分钟至茄子呈焦黄色，捞出。

4 把小鱼干倒入油锅中，炸约半分钟，捞出备用。

5 用油起锅，爆香蒜末、葱白，倒入茄子、小鱼干，注入少许水，再加入生抽调味。

6 将盐、鸡粉加入锅中调味，倒入豆瓣酱炒匀，淋入水淀粉勾芡后，盛出即可。

小鱼干拌花生

3分钟　开胃消食

扫一扫看视频

原料： 小鱼干100克，红椒17克，油炸花生70克

调料： 盐、白糖各2克，生抽8毫升，味精、陈醋、老抽、芝麻油、辣椒油、食用油各适量

做法

1 洗净的红椒去蒂，对半切开，去籽，切条，再改切成丁。

2 用油起锅，烧至五成热，倒入小鱼干，炸出香味，捞出备用。

3 锅底留油，注入适量水，加生抽、盐、白糖、味精调味，倒入小鱼干、老抽炒匀，倒入红椒拌匀。

4 盛出装碗，加入油炸花生，淋入芝麻油、辣椒油、陈醋，拌约1分钟至入味，装盘即可。

茶树菇炒鳝丝

6分钟　益智健脑

原料： 鳝鱼200克，青椒、红椒各10克，茶树菇适量，姜片、葱花各少许

调料： 盐、鸡粉各2克，生抽、料酒各5毫升，水淀粉、食用油各适量

做法

1 红椒、青椒均洗净切开，去籽，再切条；处理好的鳝鱼肉切上花刀，再切段，改切细丝。

2 用油起锅，放入备好的鳝鱼丝、姜片、葱花，炒匀。

3 淋入 2 毫升料酒，倒入青椒、红椒，放入洗净切好的茶树菇，炒约 2 分钟。

4 将盐、生抽、鸡粉、3毫升料酒加入锅中，炒匀调味，淋入水淀粉炒匀勾芡，盛出装盘即可。

响油鳝丝

12分钟　美容养颜

原料： 鳝鱼肉300克，红椒丝、姜丝、葱花各少许

调料： 盐3克，白糖2克，胡椒粉、鸡粉各少许，蚝油8克，生抽7毫升，料酒10毫升，陈醋15毫升，生粉、食用油各适量

做法

1 鳝鱼肉洗净切细丝，装碗，加2克盐、鸡粉、5毫升料酒、生粉拌匀腌渍。

2 锅中注水烧开，倒入鳝鱼丝，汆去血渍；将鳝鱼丝滑油至五六成熟，捞出。

3 锅留底油，倒入姜丝、鳝鱼丝炒匀，淋入5毫升料酒，加生抽、蚝油、1克盐、白糖调味，淋入陈醋炒入味。

4 盛出装盘，点缀上葱花和红椒丝，撒上胡椒粉，浇上热油即可。

扫一扫看视频

子龙脱袍

10分钟　益气补血

原料： 鳝鱼300克，鸡蛋1个，紫苏叶、红椒各15克，朝天椒、生姜、青椒各20克，香菇、香菜各5克，葱段少许

调料： 盐3克，味精、胡椒粉各少许，蚝油6克，辣椒酱、陈醋、料酒、芝麻油、生粉、食用油各适量

做法

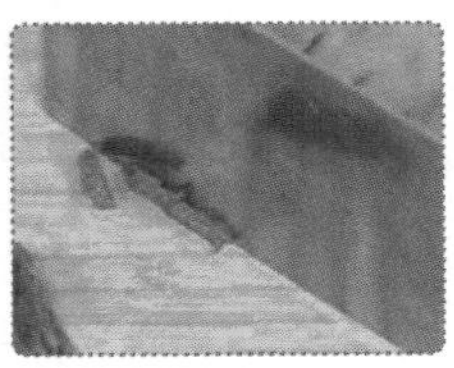

1 鳝鱼洗净切丝；生姜去皮切丝；青椒、红椒、香菇洗净切丝；紫苏叶洗净切段。

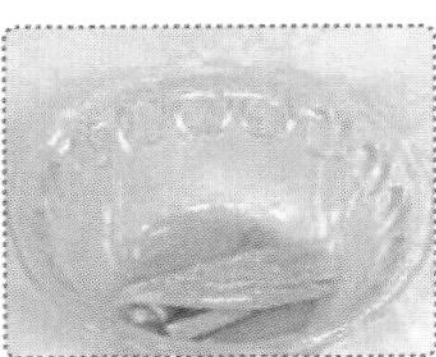

2 碗中放入葱段、部分姜丝，用力挤压，淋入料酒，拌匀，制成葱姜酒汁。

3 鳝鱼丝装碗，加葱姜酒汁、1 克盐、蛋清、生粉腌渍，再滑油至断生，捞出。

4 锅留油，炒香姜丝、辣椒酱，倒入青椒、红椒、朝天椒、鳝鱼丝、香菇丝炒透。

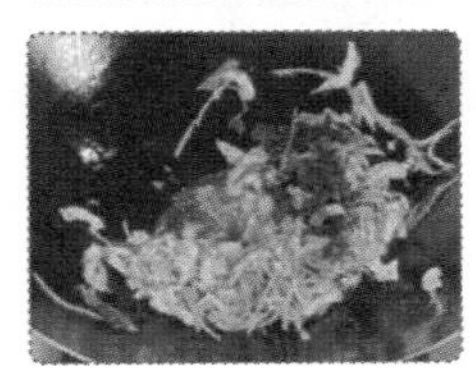

5 调入 2 克盐、味精、蚝油、胡椒粉、陈醋、芝麻油，加紫苏叶炒熟，盛出加香菜即可。

此道菜讲求刀工，切鳝鱼丝时要整齐、细密，这样菜肴才美观。

扫一扫看视频

河鱼干蒸萝卜丝

17分钟　美容养颜

原料： 河鱼干100克，白萝卜250克，姜丝、红椒丝、葱花各少许

调料： 生抽5毫升，鸡粉4克，食用油适量

做法

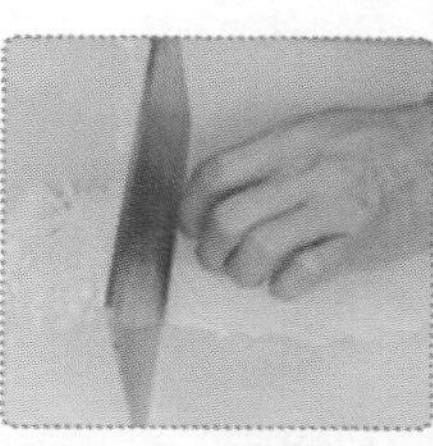

1 将去皮洗净的白萝卜切成片，再把白萝卜片改切成丝。

2 萝卜丝均匀地摆放在河鱼干上，撒上少许姜丝、红椒丝，淋入生抽。

3 撒上鸡粉，浇入少许熟油，把处理好的萝卜丝和河鱼干放入烧开水的蒸锅中。

4 盖上盖，用中火蒸15分钟至熟后，取出，撒上葱花，浇上熟油即可。

干烧鳝段

2分钟　瘦身排毒

原料： 鳝鱼肉120克，水芹菜、泡红椒各20克，蒜薹50克，姜片、葱段、蒜末、花椒各少许

调料： 生抽5毫升，料酒4毫升，水淀粉、豆瓣酱、食用油各适量

做法

1 洗净的蒜薹切成长段；洗好的水芹菜切成段；宰杀洗净的鳝鱼切花刀，用斜刀切成段。

2 锅中注水烧开，倒入鳝鱼段，拌匀，略煮一会儿，汆至变色，捞出。

3 用油起锅，爆香姜片、葱段、蒜末、花椒，放入鳝鱼段、泡红椒，炒匀。

4 加生抽、料酒、豆瓣酱炒香，倒入水芹菜、蒜薹炒至断生，倒入水淀粉，炒至入味，盛出即可。

扫一扫看视频

大蒜烧鳝段

12分钟 益智健脑

原料： 鳝鱼200克，彩椒35克，蒜头55克，姜片、葱段各少许

调料： 盐2克，豆瓣酱10克，白糖3克，陈醋3毫升，料酒、食用油各适量

做法

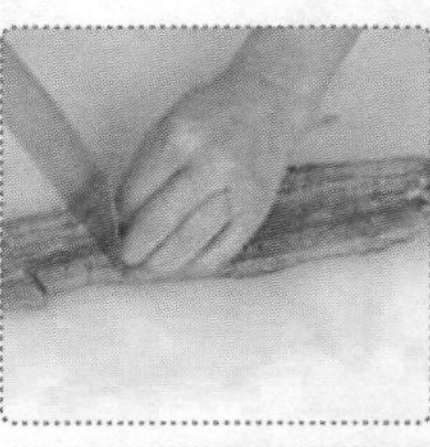

1 洗净的彩椒切开，去籽，切成条；处理干净的鳝鱼切上花刀，用斜刀切成段。

2 用油起锅，倒入蒜头，小火炸至金黄色，盛出多余的油，放入姜片、鳝鱼肉，炒匀。

3 放入豆瓣酱，炒香，淋入料酒，加入适量水，再放入葱段、彩椒，炒匀，加入陈醋调味。

4 用中火焖约10分钟至食材熟透，转大火收汁，加白糖、盐调味，盛出即可。

腊肉鳅鱼钵

8分钟　益气补血

原料： 泥鳅、腊肉各300克，紫苏15克，剁椒20克，葱段、姜片、蒜片、青菜叶各少许

调料： 鸡粉2克，白糖3克，豆瓣酱20克，白酒15毫升，水淀粉、老抽、芝麻油、食用油各适量

做法

1 腊肉切片；洗净的泥鳅切一字刀后，切段。

2 锅中注水烧开，倒入腊肉汆片刻；另起锅，注油烧热，放入泥鳅，炸至呈金黄色捞出。

3 锅底留油，放入姜片、蒜片、剁椒、腊肉、豆瓣酱、泥鳅炒匀，倒入白酒，注水焖至熟。

4 加鸡粉、白糖、老抽调味，放紫苏、葱段、水淀粉、芝麻油炒匀，盛入放青菜叶的碗中即可。

蒜苗炒泥鳅

3分钟　降低血脂

原料： 泥鳅200克，蒜苗60克，红椒35克

调料： 盐、鸡粉各3克，生粉50克，料酒8毫升，生抽4毫升，水淀粉、食用油各适量

做法

1 蒜苗洗净切段；红椒洗净切圈；处理好的泥鳅装碗，加4毫升料酒、2毫升生抽、1克盐、1克鸡粉，拌匀。

2 碗中再放入生粉，使生粉均匀地裹在泥鳅上。

3 锅中注油烧热，放入泥鳅炸2分钟至其酥脆，捞出；锅底留油，炒香蒜苗、红椒。

4 倒入泥鳅，炒匀，放入4毫升料酒、2毫升生抽、2克盐、2克鸡粉，炒匀调味，倒入水淀粉勾芡炒匀后，盛出即可。

扫一扫看视频

豆豉剁椒蒸泥鳅

12分钟　补益脾肾

原料： 泥鳅250克，豆豉、朝天椒各20克，剁椒40克，姜末、葱花、蒜末各少许

调料： 盐、鸡粉各2克，料酒5毫升，食用油适量

做法

1 热锅注油，烧至六成热，倒入处理好的泥鳅，炸至焦黄色，捞出，沥油装碗。

2 碗中放入豆豉、剁椒、姜末、蒜末、朝天椒拌匀，加入盐、鸡粉、料酒、食用油，搅匀。

3 将拌好的泥鳅倒入蒸盘中，再将蒸盘放入烧开的蒸锅中，盖上盖，用大火蒸10分钟至入味。

4 将泥鳅从蒸锅中取出，撒上备好的葱花即可。

扫一扫看视频

18分钟

保肝护肾

酱炖泥鳅鱼

原料： 净泥鳅350克，姜片、葱段、蒜片各少许，干辣椒8克，啤酒160毫升

调料： 盐2克，黄豆酱20克，辣椒酱12克，水淀粉、芝麻油、食用油各适量

烹饪小提示

煎泥鳅时，可多加入一些食用油，以免煎煳。

做法

1 用油起锅，倒入处理干净的泥鳅，煎出香味，至食材断生后盛出，待用。

2 锅底留油烧热，放入姜片、葱白、蒜片，爆香。

3 倒入备好的干辣椒，炒出香味后，放入黄豆酱、辣椒酱调味。

4 将啤酒倒入锅中，放入煎过的泥鳅，再加入盐，炒匀。

5 盖上盖，用小火煮约15分钟，至食材全部入味。

6 将葱叶放入锅中，加水淀粉勾芡，滴入芝麻油，炒至汤汁收浓后，盛出即可。

串烧基围虾

3分钟　保肝护肾

原料： 基围虾200克，红椒15克，蒜末、葱花各少许

调料： 盐3克，味精2克，辣椒面少许，食用油适量

做法

1 将洗净的基围虾剪去头须；红椒切成粒；用竹签将基围虾穿起。

2 热锅注油，大火烧热，放入基围虾，炸1分钟至金黄色捞出。

3 用油起锅，倒入蒜末、葱花炒香，再放入红椒粒同炒，倒入基围虾，翻炒均匀。

4 倒入辣椒面炒匀，加盐、味精调味，将基围虾取出，放置盘中，撒上锅底余料即可。

尖椒虾皮

3分钟　保肝护肾

原料： 青椒60克，虾皮20克，蒜末少许

调料： 盐2克，鸡粉1克，芝麻油2毫升，生抽3毫升，食用油适量

做法

1 青椒对半切开，去籽，切成条，改切成小块，放入盘中备用。

2 锅中加水烧开，加少许食用油，倒入青椒，煮半分钟至熟，捞出。

3 热锅注油，烧至四成热，倒入虾皮，炸出香味，把炸好的虾皮捞出。

4 青椒装碗，倒入虾皮，加入蒜末，拌匀，再放入盐、鸡粉、芝麻油、生抽调味，搅拌均匀后装盘即可。

韭菜花炒河虾

2分钟　开胃消食

原料： 韭菜薹165克，河虾85克，红椒少许

调料： 蚝油4克，盐、鸡粉各少许，水淀粉、食用油各适量

做法

1 将洗净的红椒切粗丝；洗好的韭菜薹切长段。

2 用油起锅，倒入备好的河虾，炒匀，至其呈亮红色。

3 放入红椒丝，炒匀，倒入韭菜薹，大火翻炒至变软，加入盐、鸡粉、蚝油调味。

4 淋入水淀粉勾芡，炒至食材入味，关火后盛出炒好的菜肴，装在盘中即可。

扫一扫看视频

香辣酱炒花蟹

9分钟　清热解毒

原料： 花蟹2只，葱段、姜片、蒜末、香菜段各少许

调料： 盐2克，白糖3克，豆瓣酱15克，料酒、食用油各适量

做法

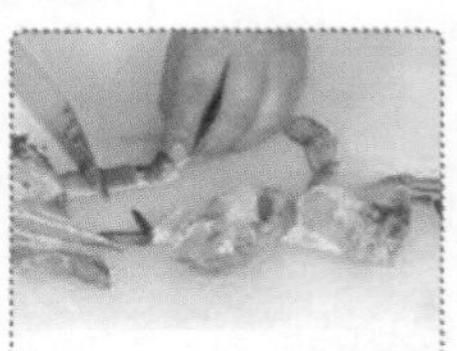

1 洗净的花蟹由后背剪开，去除内脏，对半切开，再把蟹爪切碎，待用。

2 用油起锅，倒入豆瓣酱，炒香，放入姜片、蒜末，炒匀。

3 淋入适量料酒，注入适量水，再倒入花蟹拌匀，加入白糖、盐调味。

4 盖上盖，用中火焖约5分钟至食材熟透。

5 将葱段、香菜段倒入锅中，大火翻炒片刻至断生，盛出装入盘中即可。

烹饪小提示

事先将花蟹切碎，这样可节省炒制时间。

金牌口味蟹

4分钟　益气补血

扫一扫看视频

原料： 花蟹3只，红椒30克，豆豉、葱段、蒜末、姜片各少许

调料： 盐3克，水淀粉10毫升，生粉、料酒、豆瓣酱、蚝油、鸡粉、食用油各适量

做法

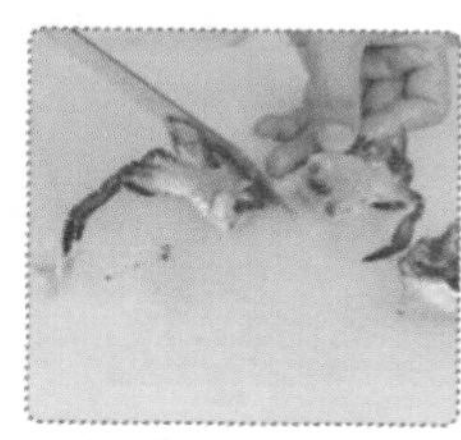

1 红椒洗净切段；花蟹洗净去壳，将蟹肉斩成两块，去鳃、趾尖；蟹肉块装盘后，再加生粉裹匀。

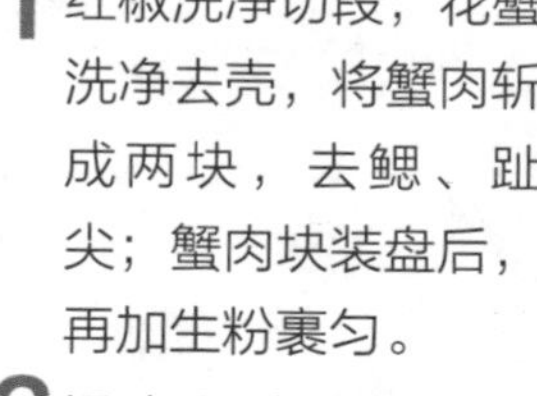

2 热锅注油烧至四五成热，放入处理好的花蟹，用中小火炸1分钟至淡红色，捞出。

3 锅底留油，爆香豆豉、姜片、蒜末、葱段，放入红椒，炒香，倒入花蟹，淋入料酒，炒匀。

4 锅中注入适量水，放入豆瓣酱、蚝油、盐、鸡粉调味，大火煮约2分钟，加水淀粉勾芡后，盛出即可。

扫一扫看视频

豉香蒸蛤蜊

9分钟 增强免疫力

原料：蛤蜊500克，豆豉、朝天椒各30克，葱花、姜末各少许

调料：料酒4毫升，盐、鸡粉各2克，食用油适量

做法

1 锅中注水，大火烧开，倒入蛤蜊汆片刻去除污物，捞出沥水，摆入盘中。

2 取一个碗，倒入豆豉、姜末、朝天椒，放入料酒、盐、鸡粉、食用油，拌匀。

3 将调好的酱汁浇在蛤蜊上，再将装蛤蜊的盘子放入烧开的蒸锅中，加盖，用大火蒸8分钟至入味。

4 将蛤蜊盘从蒸锅中取出，撒上葱花，即可食用。

豉香蛤蜊

5分钟　滋阴生津

原料： 蛤蜊350克，红椒30克，豆豉、姜末、蒜末、葱段各少许

调料： 盐、鸡粉各2克，生抽5毫升，豆瓣酱15克，老抽3毫升，水淀粉4毫升，食用油适量

做法

1 洗净的红椒切成圈。

2 锅中注水煮沸，倒入洗好的蛤蜊，煮约3分钟，撇去浮沫后，捞出装碗，倒水洗净。

3 热锅注油，爆香豆豉、姜末、蒜末、葱段，倒入蛤蜊炒匀，再加入生抽、豆瓣酱、老抽调味。

4 放入红椒，加鸡粉、盐炒匀，淋入水，翻炒片刻，倒入水淀粉炒匀，盛出即可。

韭菜炒螺肉

2分钟　降低血压

原料： 韭菜120克，田螺肉100克，彩椒35克

调料： 盐、鸡粉各2克，料酒5毫升，水淀粉、食用油各适量

做法

1 将洗净的韭菜切成段；洗好的彩椒切成丝，再切成颗粒状小丁。

2 用油起锅，倒入洗净的田螺肉，放入彩椒粒，翻炒一会儿，淋入料酒，炒匀提味。

3 倒入切好的韭菜，翻炒至食材断生，加入盐、鸡粉，炒匀调味。

4 倒入适量水淀粉，快速翻炒几下，至食材熟透、入味，盛出装盘即成。

扫一扫看视频

口味螺肉

5分钟 清热解毒

原料：田螺肉300克，紫苏叶40克，干辣椒、八角、桂皮、姜片、蒜末、葱段各少许

调料：盐、鸡粉各3克，生抽、料酒、豆瓣酱、辣椒酱、水淀粉、食用油各适量

做法

1 将紫苏叶洗净切碎，待用。

2 锅中注水烧开，放入洗净的田螺肉，加入少许料酒，搅拌均匀，煮沸，汆去杂质，捞出。

3 用油起锅，放入葱段、姜片、蒜末、干辣椒、八角、桂皮、紫苏叶，炒香，倒入田螺肉，炒匀。

4 放入豆瓣酱、生抽、辣椒酱、料酒，炒香，加水，调入盐、鸡粉，炒匀，加水淀粉勾芡即可。

红烧金龟

30分钟 保肝护肾

原料： 乌龟1只，猪瘦肉200克，金华火腿片70克，鲜香菇30克，大蒜20克，葱、生姜各少许

调料： 蚝油、老抽、料酒、生抽、盐、白糖、鸡精、生粉、水淀粉、食用油各适量

做法

1 洗净的大蒜去头尾；生姜切片；香菇切片；猪肉切块；乌龟斩件。
2 香菇焯水1分钟；猪肉汆熟；乌龟煮1分钟，加生粉和少许生抽腌渍3~5分钟。
3 大蒜入油锅炸2分钟；乌龟炸1分钟。
4 锅留油，放葱、生姜、香菇、火腿、瘦肉、大蒜、乌龟、料酒、蚝油、老抽、生抽、盐、白糖、鸡精、水拌匀。
5 焖20分钟，将食材装盘，锅中留汤；汤加水淀粉勾芡，浇入盘中即可。

红烧甲鱼

24分钟 益气补血

原料： 净甲鱼600克，芥蓝60克，干辣椒30克，花椒、姜片、葱段、蒜各适量

调料： 盐3克，味精、白糖、蚝油、老抽、辣椒酱、辣椒油、料酒、食用油各适量

做法

1 甲鱼收拾干净，斩大块，焯水捞出；锅中注水，加1克盐、少许食用油，煮沸后放入芥蓝，焯熟捞出。
2 起油锅，放入蒜炸至金黄色，倒入姜片、葱白、花椒、干辣椒、甲鱼炒匀。
3 加辣椒酱、料酒炒匀，注水拌匀，焖至软烂，加2克盐、味精、白糖、蚝油、老抽炒入味，煮至汤汁收浓。
4 淋入辣椒油，拌匀，撒入葱叶，炒至断生，盛盘摆上芥蓝即成。

扫一扫看视频

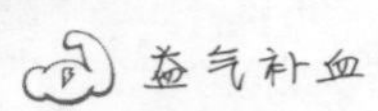

霸王别姬

原料： 甲鱼、仔鸡各1只，鸡胸肉120克，菜心150克，葱条15克，生姜20克，竹笋、水发香菇、金华火腿各少许，鸡汤适量

调料： 盐、白糖、味精、料酒、水淀粉各适量

烹饪小提示

鸡胸肉口感较柴，可事先用食用油腌渍片刻，口感会更鲜嫩。

做法

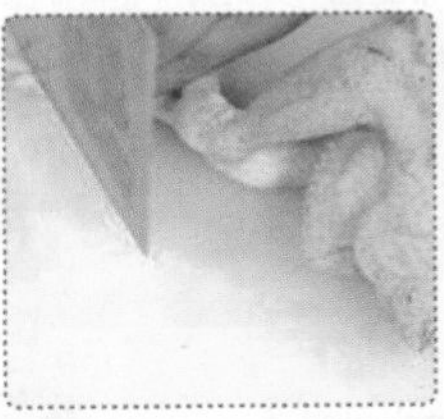

1 生姜、竹笋、香菇洗净切片；火腿切片；鸡胸肉洗净与葱白、生姜一起剁成肉泥；菜心切开梗；仔鸡洗净。

2 锅中注入适量水，放入仔鸡，汆至断生；另起锅注水烧热，放入收拾好的甲鱼，汆水捞出。

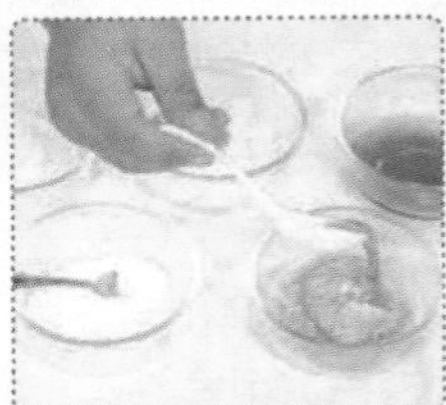

3 鸡肉泥装入碗中，加入味精、白糖、水淀粉、少许的盐和料酒腌渍，做成鸡肉丸，备用。

4 锅中倒入鸡汤，烧热后放入菜心、竹笋、香菇、火腿和洗净的葱条，煮开。

5 将鸡肉丸放入锅中，焖至沸，再放入盐、料酒，拌匀调味，将锅中材料倒入装有甲鱼、仔鸡的汤煲中。

6 将汤煲放入蒸锅，盖上盖，小火炖2个小时，取出，放入焯好的菜心即可。

甲鱼烧土鸡

20分钟　增强免疫力

原料： 土鸡350克，甲鱼1只，水发香菇35克，蒜末、姜片、葱白各少许

调料： 料酒、盐、味精、生抽、生粉、蚝油、老抽、水淀粉、食用油各适量

做法

1 甲鱼洗净斩块；香菇切片；土鸡洗净斩块后，用生抽和少许的料酒、盐、味精、生粉腌渍至入味。

2 甲鱼用少许的料酒、盐、味精腌渍后，焯水捞出，再撒上生粉，备用。

3 将甲鱼、鸡块分别入油锅滑油；锅留油，放入蒜末、姜片、葱白、香菇，炒香，放入甲鱼、鸡块炒匀。

4 将料酒、味精、盐、蚝油、老抽放入锅中调味，加水烧开，焖5分钟，淋入水淀粉勾芡，盛出即可。

扫一扫看视频

5分钟

开胃消食

剁椒牛蛙

原料： 牛蛙250克，黄瓜120克，红椒40克，剁椒适量，姜片、蒜末、葱段各少许

调料： 盐、鸡粉各3克，料酒、生抽各少许，水淀粉、食用油各适量

烹饪小提示

红椒不宜炒得过熟，否则容易破坏其营养成分，且影响色泽，一般炒至八成熟即可。

做法

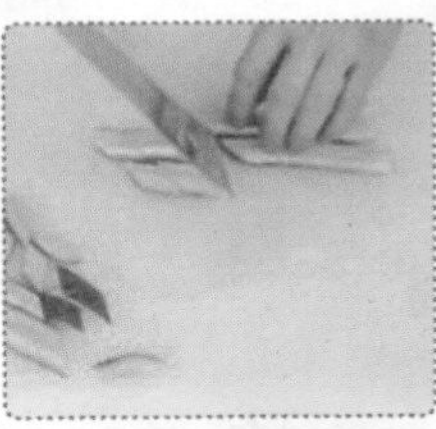

1 洗净的黄瓜对半切开，去瓤，改切成段；洗好的红椒去蒂，对半切开，去籽，切成小块。

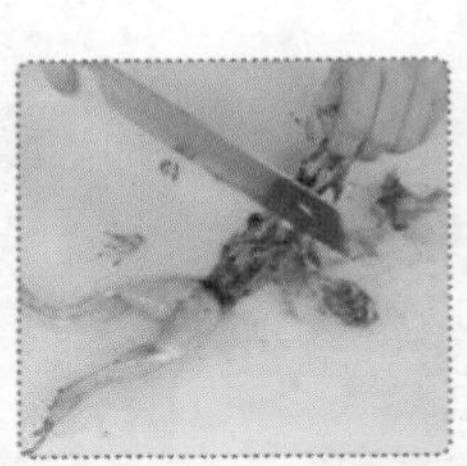

2 将宰杀处理干净的牛蛙切去头部、爪部，再切块，放入盘中，备用。

3 锅中注水烧开，放入牛蛙，搅拌匀，汆去血水，捞出，盛入盘中，备用。

4 起油锅，爆香葱段、姜片、蒜末，放入剁椒，倒入汆过水的牛蛙，炒匀。

5 淋入料酒，炒香，放入切好的黄瓜、红椒，炒匀。

6 加入盐、鸡粉、生抽，炒匀，倒入适量水淀粉，搅拌匀，盛出装盘即可。